C 语言程序设计案例教程

吴小菁　陈　慧　杨　玮　编著
高建清　唐　磊

北京理工大学出版社
BEIJING INSTITUTE OF TECHNOLOGY PRESS

内 容 提 要

本书作为 C 语言程序设计的基础教材，共分为 9 章，主要包括 C 语言概述、C 语言程序设计的初步知识、顺序结构程序设计、选择结构程序设计、循环结构程序设计、函数、数组、编译预处理、指针等。本书在加强 C 语言基本知识训练的同时，注重对编程能力的培养，融合省级精品在线课程资源，结合二维码实现典型案例视频的立体呈现，通过精心设计的案例分析、深入浅出的解题技巧总结等，帮助学生更直观地理解知识点，掌握相应的操作技巧，从而极大地激发学生的学习兴趣。

本书具有通用性，既可作为普通高等院校的"C 语言程序设计"课程教材，又可供社会各类计算机应用人员与参加各类计算机等级考试的人员参考。

版权专有　侵权必究

图书在版编目（CIP）数据

C 语言程序设计案例教程 / 吴小菁等编著 . —北京：北京理工大学出版社，2019.7
（2021.7 重印）
ISBN 978 - 7 - 5682 - 7299 - 5

Ⅰ. ①C… Ⅱ. ①吴… Ⅲ. ①C 语言 – 程序设计 – 教材 Ⅳ. ①TP312.8

中国版本图书馆 CIP 数据核字（2019）第 151391 号

出版发行 / 北京理工大学出版社有限责任公司

社　　址 / 北京市海淀区中关村南大街 5 号

邮　　编 / 100081

电　　话 / (010) 68914775（总编室）
　　　　　 (010) 82562903（教材售后服务热线）
　　　　　 (010) 68948351（其他图书服务热线）

网　　址 / http://www.bitpress.com.cn

经　　销 / 全国各地新华书店

印　　刷 / 涿州市新华印刷有限公司

开　　本 / 787 毫米 × 1092 毫米　1/16

印　　张 / 11　　　　　　　　　　　　　　　　　责任编辑 / 梁铜华

字　　数 / 260 千字　　　　　　　　　　　　　　　文案编辑 / 曾　仙

版　　次 / 2019 年 7 月第 1 版　2021 年 7 月第 3 次印刷　　责任校对 / 周瑞红

定　　价 / 36.00 元　　　　　　　　　　　　　　　责任印制 / 李志强

图书出现印装质量问题，请拨打售后服务热线，本社负责调换

前　言

教育部在《教育信息化"十三五"规划》的文件中，明确了"人人皆学、处处能学、时时可学"的发展要求，移动互联网教育成为了首选。伴随着在线教育的发展，网络精品课程层出不穷，在线课程与线下课堂相结合的教学方式，便于学生自主学习，能促进师生互动，从而提高教学质量。但是，学生在学习过程中，如果对某个知识点有疑惑，往往希望能够得到快速解答，而网络精品课程虽内容丰富、课时量大，但需要花费大量时间去寻找对应的知识点。

针对以上情况，我们推出了这本基于典型案例、借助手机扫描二维码以获取教学资源的案例教材，使学生能够实时观看专题讲解，快速而便捷地浏览课程的图文信息。同时，本书还配套有精心设计的习题，便于学生课后进行自主练习，从而巩固知识点，提高学习效率。

本书作为 C 语言程序设计的基础教材，共分为 9 章，主要包括 C 语言概述、C 语言程序设计的初步知识、顺序结构程序设计、选择结构程序设计、循环结构程序设计、函数、数组、编译预处理、指针。每一章都从知识梳理入手，给出若干典型案例；每个典型案例都采取任务驱动的教学方式讲解，并附有相应的二维码；典型案例之后是对本章知识点的小结；最后是配套习题。全书体现了 C 语言的基础知识与应用要求，通过实例来进一步提高学生的程序设计能力。本书以案例为主线，内容具有通用性，注重实践、应用面广，既可以作为普通高等院校的"C 语言程序设计"课程教材，又可供社会各类计算机应用人员与参加各类计算机等级考试的人员参考。

本书的内容和视频由福建江夏学院的吴小菁、陈慧、杨玮、高建清和福建师范大学的唐磊共同编写与制作。其中，第 1、2、9 章由吴小菁编写，第 3、7 章由陈慧编写，第 4、6 章由杨玮编写，第 5、8 章由高建清编写；案例视频由吴小菁和唐磊制作，由吴小菁完成视频剪辑；全书由吴小菁统稿。

限于笔者的学识水平，书中难免存在疏漏和不妥之处，敬请广大读者批评指正。

编　者

2019 年 6 月

CONTENTS 目录

第1章　C语言概述 …………………………………………………………（ 1 ）

1.1　知识梳理 …………………………………………………………………（ 1 ）
1.1.1　C语言的发展及特点 …………………………………………………（ 1 ）
1.1.2　C语言程序的格式和构成 ……………………………………………（ 2 ）
1.1.3　C语言程序的编译过程 ………………………………………………（ 4 ）
1.1.4　算法 ……………………………………………………………………（ 7 ）

1.2　典型案例 …………………………………………………………………（ 9 ）
1.2.1　案例1：Visual C++ 6.0 编译环境的应用 …………………………（ 9 ）
1.2.2　案例2：Visual C++ 2010 编译环境的应用 ………………………（ 9 ）

1.3　本章小结 …………………………………………………………………（ 9 ）
习题 …………………………………………………………………………………（ 10 ）

第2章　C语言程序设计的初步知识 ……………………………………（ 12 ）

2.1　知识梳理 …………………………………………………………………（ 12 ）
2.1.1　C语言的数据类型 ……………………………………………………（ 12 ）
2.1.2　标识符、常量和变量 …………………………………………………（ 13 ）
2.1.3　整型数据 ………………………………………………………………（ 15 ）
2.1.4　实型数据 ………………………………………………………………（ 16 ）
2.1.5　字符型数据 ……………………………………………………………（ 17 ）
2.1.6　算术运算 ………………………………………………………………（ 18 ）
2.1.7　赋值运算 ………………………………………………………………（ 19 ）
2.1.8　特殊运算 ………………………………………………………………（ 20 ）
2.1.9　类型转换运算 …………………………………………………………（ 21 ）

2.2　典型案例 …………………………………………………………………（ 21 ）
2.2.1　案例1：编程求圆的周长 ……………………………………………（ 21 ）
2.2.2　案例2：计算表达式的值 ……………………………………………（ 22 ）
2.2.3　案例3：编程实现时间换算 …………………………………………（ 22 ）

2.3 本章小结 …………………………………………………………………………（23）
　习题 ……………………………………………………………………………………（25）

第3章 顺序结构程序设计 ……………………………………………………………（27）

3.1 知识梳理 ………………………………………………………………………………（27）
　3.1.1 C语言的语句 ……………………………………………………………………（27）
　3.1.2 数据的输出 ………………………………………………………………………（28）
　3.1.3 数据的输入 ………………………………………………………………………（30）
3.2 典型案例 ………………………………………………………………………………（32）
　3.2.1 案例1：赋值表达式与赋值语句 ………………………………………………（32）
　3.2.2 案例2：printf函数的应用 ………………………………………………………（33）
　3.2.3 案例3：scanf函数的应用 ………………………………………………………（33）
　3.2.4 案例4：数据输入输出的综合应用 ……………………………………………（33）
3.3 本章小结 ………………………………………………………………………………（34）
　习题 ……………………………………………………………………………………（36）

第4章 选择结构程序设计 ……………………………………………………………（39）

4.1 知识梳理 ………………………………………………………………………………（39）
　4.1.1 C语言的逻辑值 …………………………………………………………………（39）
　4.1.2 关系运算 …………………………………………………………………………（39）
　4.1.3 逻辑运算 …………………………………………………………………………（40）
　4.1.4 if语句 ……………………………………………………………………………（40）
　4.1.5 switch语句 ………………………………………………………………………（41）
4.2 典型案例 ………………………………………………………………………………（42）
　4.2.1 案例1：使用流程图描述算法 …………………………………………………（42）
　4.2.2 案例2：计算表达式的值 ………………………………………………………（42）
　4.2.3 案例3：编程实现两个数的排序 ………………………………………………（43）
　4.2.4 案例4：编程实现奇偶性的判断 ………………………………………………（44）
　4.2.5 案例5：编程求两数的较大值 …………………………………………………（44）
　4.2.6 案例6：编程实现成绩级别的判断 ……………………………………………（45）
　4.2.7 案例7：编程求分段函数 ………………………………………………………（45）
　4.2.8 案例8：switch语句的应用 ……………………………………………………（47）
4.3 本章小结 ………………………………………………………………………………（48）
　习题 ……………………………………………………………………………………（49）

第5章 循环结构程序设计 ……………………………………………………………（53）

5.1 知识梳理 ………………………………………………………………………………（53）
　5.1.1 while语句 ………………………………………………………………………（53）
　5.1.2 do…while语句 …………………………………………………………………（54）

  5.1.3 for 语句 ……………………………………………………………………（ 54 ）
  5.1.4 break 和 continue 语句 …………………………………………………（ 55 ）
  5.1.5 goto 语句 …………………………………………………………………（ 56 ）
  5.1.6 循环结构的嵌套 …………………………………………………………（ 56 ）
 5.2 典型案例 …………………………………………………………………………（ 56 ）
  5.2.1 案例1：使用流程图描述算法 …………………………………………（ 56 ）
  5.2.2 案例2：编程求 1～100 的累加和 ………………………………………（ 57 ）
  5.2.3 案例3：编程求 1^2～n^2 的累加和 …………………………………………（ 58 ）
  5.2.4 案例4：编程求 π 的近似值 ……………………………………………（ 59 ）
  5.2.5 案例5：编程实现固定行的输出 ………………………………………（ 60 ）
  5.2.6 案例6：编程求 1～10 累积 ……………………………………………（ 61 ）
  5.2.7 案例7：编程求 1～10 000 奇数的累加和 ……………………………（ 62 ）
  5.2.8 案例8：编程求斐波那契数列项 ………………………………………（ 63 ）
  5.2.9 案例9：编程实现一行字符的输入输出 ………………………………（ 63 ）
  5.2.10 案例10：编程实现矩阵的输出 ………………………………………（ 65 ）
  5.2.11 案例11：编程实现图形的输出 ………………………………………（ 65 ）
  5.2.12 案例12：编程输出 2～100 的素数 …………………………………（ 66 ）
 5.3 本章小结 …………………………………………………………………………（ 68 ）
习题 ………………………………………………………………………………………（ 69 ）

第6章 函数 …………………………………………………………………………（ 75 ）

 6.1 知识梳理 …………………………………………………………………………（ 75 ）
  6.1.1 库函数 ……………………………………………………………………（ 75 ）
  6.1.2 函数的定义 ………………………………………………………………（ 76 ）
  6.1.3 函数的返回值 ……………………………………………………………（ 77 ）
  6.1.4 函数的声明 ………………………………………………………………（ 78 ）
  6.1.5 函数的调用 ………………………………………………………………（ 78 ）
  6.1.6 函数的参数传递方式 ……………………………………………………（ 79 ）
  6.1.7 函数的嵌套调用 …………………………………………………………（ 79 ）
  6.1.8 函数的递归调用 …………………………………………………………（ 79 ）
  6.1.9 变量的作用域和存储类型 ………………………………………………（ 80 ）
  6.1.10 函数的作用范围 …………………………………………………………（ 81 ）
 6.2 典型案例 …………………………………………………………………………（ 82 ）
  6.2.1 案例1：函数定义 ………………………………………………………（ 82 ）
  6.2.2 案例2：无返回值的函数调用 …………………………………………（ 82 ）
  6.2.3 案例3：有返回值的函数调用 …………………………………………（ 83 ）
  6.2.4 案例4：阅读函数调用程序，写运行结果 ……………………………（ 84 ）
  6.2.5 案例5：函数参数的值传递 ……………………………………………（ 85 ）
  6.2.6 案例6：函数实现素数的判断 …………………………………………（ 85 ）

6.2.7　案例7：实现累加计算的函数 ……………………………………………（86）
　　6.2.8　案例8：阅读函数的嵌套调用程序，写运行结果 ………………………（86）
　　6.2.9　案例9：编写递归函数 ……………………………………………………（87）
6.3　本章小结 ……………………………………………………………………………（89）
习题 ………………………………………………………………………………………（90）

第7章　数组 ……………………………………………………………………………（98）

7.1　知识梳理 ……………………………………………………………………………（98）
　　7.1.1　一维数组 ……………………………………………………………………（98）
　　7.1.2　二维数组 ……………………………………………………………………（101）
　　7.1.3　字符数组 ……………………………………………………………………（103）
　　7.1.4　数组与函数 …………………………………………………………………（105）
7.2　典型案例 ……………………………………………………………………………（106）
　　7.2.1　案例1：使用数组存放成绩 …………………………………………………（106）
　　7.2.2　案例2：编程实现一维数组的赋值 …………………………………………（107）
　　7.2.3　案例3：编程实现一维数组的输入 …………………………………………（107）
　　7.2.4　案例4：编程求数组的平均值 ………………………………………………（108）
　　7.2.5　案例5：编程实现二维数组的赋值 …………………………………………（109）
　　7.2.6　案例6：编程求二维数组元素的累加和 ……………………………………（109）
　　7.2.7　案例7：编程求二维数组主对角线元素的累加和 …………………………（110）
　　7.2.8　案例8：运用函数改变数组元素 ……………………………………………（111）
　　7.2.9　案例9：运用函数求数组的平均值 …………………………………………（112）
　　7.2.10　案例10：字符数组的处理 …………………………………………………（113）
7.3　本章小结 ……………………………………………………………………………（114）
习题 ………………………………………………………………………………………（116）

第8章　编译预处理 ……………………………………………………………………（123）

8.1　知识梳理 ……………………………………………………………………………（123）
　　8.1.1　宏定义 ………………………………………………………………………（123）
　　8.1.2　文件包含 ……………………………………………………………………（124）
8.2　典型案例 ……………………………………………………………………………（125）
　　8.2.1　案例1：带参宏的应用 ………………………………………………………（125）
8.3　本章小结 ……………………………………………………………………………（126）
习题 ………………………………………………………………………………………（127）

第9章　指针 ……………………………………………………………………………（129）

9.1　知识梳理 ……………………………………………………………………………（129）
　　9.1.1　指针概述 ……………………………………………………………………（129）
　　9.1.2　指针变量 ……………………………………………………………………（130）

  9.1.3 指针与数组 ………………………………………………………………（133）
  9.1.4 指针与字符串 ……………………………………………………………（136）
  9.1.5 指针数组 …………………………………………………………………（136）
  9.1.6 指针与函数 ………………………………………………………………（138）
  9.1.7 指向指针的指针 …………………………………………………………（139）
 9.2 典型案例 …………………………………………………………………………（140）
  9.2.1 案例1：间接访问运算符的应用 ………………………………………（140）
  9.2.2 案例2：指针与数组的应用 ……………………………………………（141）
  9.2.3 案例3：指针与字符串的应用 …………………………………………（141）
  9.2.4 案例4：利用函数交换数据 ……………………………………………（142）
  9.2.5 案例5：利用指针传递数据 ……………………………………………（143）
  9.2.6 案例6：指针与函数的综合应用 ………………………………………（144）
  9.2.7 案例7：二级指针的应用 ………………………………………………（145）
 9.3 本章小结 …………………………………………………………………………（146）
 习题 ……………………………………………………………………………………（147）

附录 ……………………………………………………………………………………（154）

 附录1 C语言的关键字 …………………………………………………………（154）
 附录2 运算符的优先级和结合性 …………………………………………………（155）
 附录3 常用字符与ASCII码对照表 ………………………………………………（156）
 附录4 库函数 ……………………………………………………………………（157）
 附录5 习题参考答案及案例代码 …………………………………………………（162）

参考文献 ………………………………………………………………………………（166）

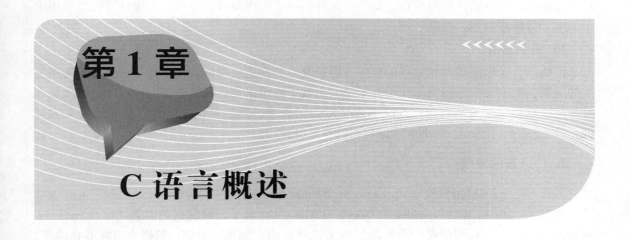

第 1 章 C 语言概述

随着人工智能、物联网、大数据、云计算、机器人、虚拟现实等科学技术的蓬勃发展，信息技术的应用已经并正在继续改变着人们的工作和生活，而这些新技术和应用的核心是程序。程序是用某种程序设计语言编写、指示计算机完成特定功能的指令序列的集合。人人都应该了解程序、懂程序、会编程序，编程可以改变人们的思维方式，教会人们在这个时代应如何思考。学习编程需要选择一种合适的程序设计语言。C 语言既具有高级语言的面向过程的特点，又具有汇编语言的面向底层的特点。C 语言是目前最受欢迎、应用最广的高级语言之一，因此通常选择 C 语言作为首选的程序设计入门语言。

1.1 知识梳理

C 语言是一种通用的、面向过程的编程语言。C 语言广泛应用于系统与应用软件的开发，具有高效、灵活、功能丰富、表达力强和较高的可移植性等特点。本章将介绍 C 语言程序的基本结构、程序中的基本要求。

1.1.1 C 语言的发展及特点

1. 计算机语言的发展

计算机语言经历了三代：第一代是机器语言，第二代是汇编语言，第三代是高级语言。

1) 机器语言

对计算机本身来说，它并不能直接识别由高级语言编写的程序，它只能接收和处理由数字 0 和 1 组成的二进制指令。这种指令称为机器语言。

2) 汇编语言

为了便于编程，以及解决更加复杂的问题。程序员开始改进机器语言，使用英文缩写的助记符来表示基本的计算机操作。这些助记符构成了汇编语言。目前，汇编语言仍然应用于工业电子等编程领域。

3）高级语言

汇编语言虽然能编写高效率的程序，但是学习和使用汇编语言都不易，并且对于解决复杂的问题，汇编语言显得力不从心。于是，出现了高级语言。高级语言允许程序员使用接近日常英语的指令来编写程序。高级语言接近人的思维，通俗易懂，编程门槛和难度大大降低，如 C、C++、Java、Python 等编程语言都是高级语言。

2. C 语言的发展

1972 年，美国贝尔实验室的 Dennis M. Ritchie 在 B 语言的基础上设计并实现了 C 语言。

1978 年，Brain W. Kernighan 和 Dennis M. Ritchie 合著了影响深远的名著 *The C Programming Language*（《C 程序设计语言》），成为以后 C 语言版本的基础，被称为旧标准 C 语言。

1983 年，美国国家标准局（ANSI）制定了新的 C 语言标准，称为 ANSI C。此后，陆续出现的各种 C 语言版本都是与之兼容的版本。

C 语言的设计影响了很多后来的编程语言，如 C++、Objective-C、Java、C#、Python 等。

3. C 语言的特点

C 语言的主要特点如下：

（1）具有结构化的控制语句及模块化结构。
（2）语言简洁，结构紧凑，使用方便、灵活。
（3）运算丰富，数据处理能力强。
（4）可以直接访问物理地址，实现对硬件和底层系统软件的访问。
（5）生成的代码质量高。
（6）可移植性好。

C 语言还有其他优点，如具有强大的图形功能、支持多种显示器和驱动器等。C 语言已成为一种通用程序设计语言。

1.1.2　C 语言程序的格式和构成

1. C 语言程序的格式

C 语言程序的书写格式很自由，既可以在一行写多条语句，也可以将一条语句分成多行写。C 语言程序的书写格式如下：

（1）在每条语句和数据定义的结尾，必须有一个分号。
（2）严格区分大小写字母。
（3）C 语言本身没有输入输出语句。输入输出操作是由 scanf 和 printf 等库函数来完成的。使用输入输出库函数之前，必须书写如下编译预处理命令行：

```
#include<stdio.h>
```

（4）编译预处理命令行前应添加#，该命令行的结尾不能添加分号。

(5) 可以用"// …"对程序的任何部分作行注释,也可以用"/ * … * /"对程序进行块注释。

例如,编写一个 C 语言程序,输出"hello world!"。代码如下:

```c
#include<stdio.h>
main()
{
    /*下面语句要输出 hello world!*/
    printf("hello world!\n");       //输出语句
}
```

2. C 语言程序的构成

C 语言程序的基本结构是函数,若干条语句构成一个函数,一个或多个函数构成一个程序。

例如,求两个数中的较大值。代码如下:

```c
#include<stdio.h>           /*编译预处理命令行*/
#include<stdlib.h>
int max_two(int x,int y)    //求两个数中较大值的函数
{
    int z;
    if(x>y)
        z=x;
    else
        z=y;
    return z;
}
main()      //主函数(入口函数)
{
    int a,b,c;
    scanf("%d%d",&a,&b);
    c=max_two(a,b);       //调用 max_two 函数
    printf("max=%d\n",c);
}
```

C 语言中的函数分为两类:一类是库函数,可以直接在程序中使用(如 printf 和 scanf 等);另一类是用户自己定义的函数(如 main 和 max_two 等),这部分函数必须由用户自己编写代码。

每个函数均由函数首部与函数体两部分组成。函数首部通常由函数类型、函数名及函数参数组成;函数体由若干条语句组成。它们的基本组成如图 1-1 所示。

C 语言程序的构成说明如下:

(1) C 语言支持顺序、选择、循环结构,所以 C 语言的程序是一种结构化程序。

(2) C 语言提供的"函数"实现了模块化结构。

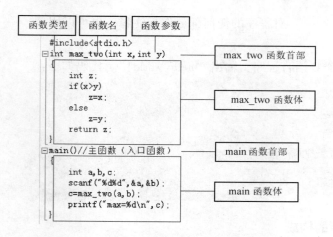

图1-1 函数的基本组成

（3）C 程序可以包含任意多个不同名的函数，但必须有一个主函数，而且也只能有一个主函数。

（4）主函数是入口函数，C 程序总是从主函数开始执行。

1.1.3　C 语言程序的编译过程

1. C 语言程序的编译和运行

C 语言是一种编译型的程序设计语言。一个 C 语言程序需要经过编辑、编译、连接和运行四个步骤，才能得到程序的运行结果。这四个步骤也称为 C 语言程序的调试和运行。

C 语言程序编辑后，利用 C 语言的编译程序对其进行编译，生成二进制代码表示的目标程序（扩展名为.obj），利用 C 语言的连接程序把目标程序与 C 语言提供的各种库函数连接后生成可执行文件（扩展名为.exe）。C 语言程序的调试、运行过程如图1-2 所示。

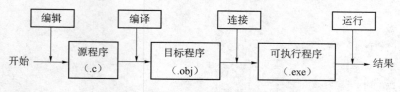

图1-2　C 语言程序的调试、运行过程

2. C 语言程序的编译环境

目前所使用的大多数 C 语言编译系统都是集成环境。计算机端常用的有 Visual C++ 6.0、Visual C++ 2010 等，手机端常用的有 C4droid 与 C 语言编译器等。

下面简单介绍 Visual C++ 6.0、Visual C++ 2010 的编译环境。

1）Visual C++ 6.0 的编译环境

（1）新建文件。打开 Visual C++ 6.0 程序，在文件菜单栏选择"新建"命令，弹出"新建"对话框。在左侧的"文件"选项卡中单击"C++ Source File"图标,选择该文件类型,在右侧的"文件名"文本框中输入文件名称,然后,通过"位置"的"浏览"按钮选择存储路径。最后,单击"确定"按钮,完成文件的新建。在 Visual C++ 6.0 编译环境中创建 C 语言源程序的"新建"对话框如图 1-3 所示。

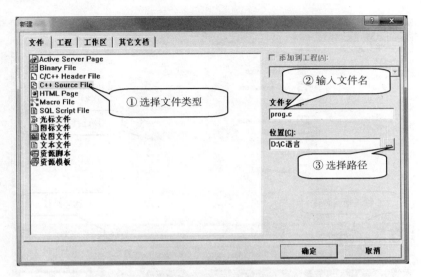

图 1-3 "新建"对话框(Visual C++ 6.0)

(2)调试和运行。在 C 语言编辑窗口输入代码后,先单击"编译"按钮,然后单击"连接"按钮,最后单击"运行"按钮,完成 C 语言源程序的调试和运行。C 语言编辑窗口如图 1-4 所示。

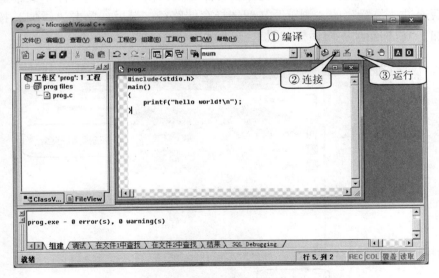

图 1-4 C 语言编辑窗口(Visual C++ 6.0)

2)Visual C++ 2010 的编译环境

(1)新建项目。Visual C++ 2010 程序,打开在文件菜单栏选择"新建"子菜单中的

"项目"命令，弹出"新建项目"对话框。在项目类型中单击"空项目"图标，选择该项目类型，在下方的"名称"文本框中输入项目名称，然后通过"位置"的"浏览"按钮选择存储路径。最后，单击"确定"按钮，完成项目的新建。在 Visual C++ 2010 的编译环境中创建 C 语言空项目的"新建项目"对话框如图 1-5 所示。

图 1-5 "新建项目"对话框（Visual C++ 2010）

（2）添加新项。在项目菜单栏选择"添加新项"命令，弹出"添加新项"对话框。在文件类型中单击"C++ 文件"图标，选择该文件类型，在下方的"名称"文本框中输入文件名，然后通过"位置"的"浏览"按钮选择存储路径。最后，单击"添加"按钮，完成文件的添加。"添加新项"对话框如图 1-6 所示。

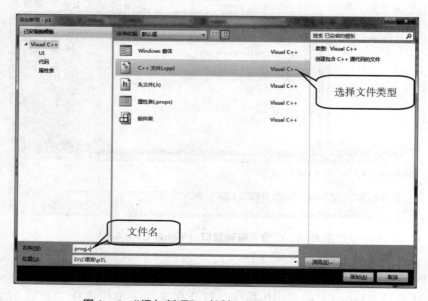

图 1-6 "添加新项"对话框（Visual C++ 2010）

(3) 调式和运行。在 C 语言编辑窗口输入代码后,先单击"生成"按钮,然后单击"生成解决方案"按钮,最后单击"运行"按钮,完成 C 语言源文件的调试和运行。C 语言编辑窗口如图 1-7 所示。

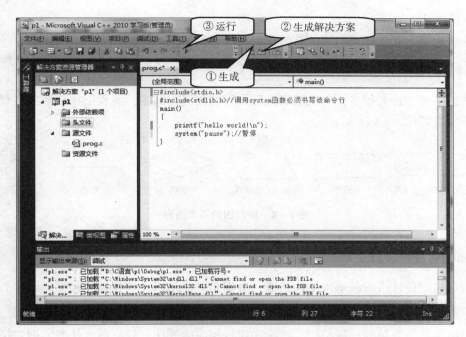

图 1-7　C 语言编辑窗口 (Visual C++ 2010)

在 Visual C++ 6.0 或在 Visual C++ 2010 编译环境中进行调试、运行时,可以使用快捷方式。其中,编译 (Compile) 的快捷方式为【Ctrl + F7】组合键,连接 (Build) 的快捷方式为【F7】快捷键,运行的快捷方式为【Ctrl + F5】组合键。

1.1.4　算法

1. 算法的概念

算法是指为解决某个特定问题而采取的确定且有限的步骤。算法是程序的灵魂。

2. 算法的特性

一个算法具有以下特性:

1) 有穷性

一个算法应该包含有限的操作步骤。

2) 确定性

算法中的每一个步骤都应当是确定的。

3) 有零个或多个输入

一个算法既可以有多个输入,也可以没有输入。

4）有一个或多个输出

一个算法的结果就是算法的输出。没有输出的算法是没有意义的。一个有效的算法可以没有输入，但是一定要有一个或者一个以上输出。

5）有效性

算法中的每一个步骤都应当能有效执行，并得到确定的结果。

3. 算法的表示方法

算法的描述方法有很多，常见的有流程图和伪代码。其中，流程图比较形象直观。流程图的基本图形如图1-8所示。

图1-8　流程图的基本图形

4. 结构化程序设计

结构化程序设计由三种基本结构组成，分别是顺序结构、选择结构和循环结构。

1）顺序结构

顺序结构是最简单的一种结构，按顺序执行相应的操作。若有两个任务，则先执行任务A，再执行任务B，其流程如图1-9所示。

2）选择结构

选择结构是根据条件的成立与否来执行不同的操作。若有条件P，当条件P成立时就执行任务A，当条件P不成立时就执行任务B，其流程如图1-10所示。

3）循环结构

循环结构是判断条件，条件成立时重复执行某个操作，条件不成立时操作结束。若有条件P，当条件P成立时就重复执行任务A，当条件P不成立时就结束循环，其流程如图1-11所示。

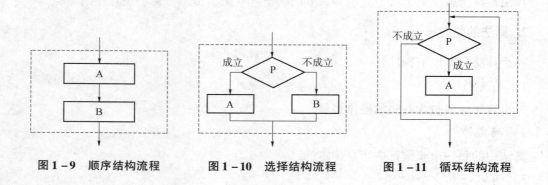

图1-9　顺序结构流程　　　图1-10　选择结构流程　　　图1-11　循环结构流程

1.2 典型案例

1.2.1 案例1：Visual C++ 6.0 编译环境的应用

1. 案例描述

在 Visual C++ 6.0 编译环境中创建一个空的控制台工程。在该工程里新建一个 C 语言的源程序，然后进行调试、运行。

2. 案例分析

初学者在对工程的概念不是很清楚时，也可以不创建工程，而直接新建 C 语言源程序。编译该源程序时，系统会自动开设一个默认的工作空间来管理工程。

1.2.2 案例2：Visual C++ 2010 编译环境的应用

1. 案例描述

在 Visual C++ 2010 编译环境中创建一个空项目。在该项目里添加一个 C 语言的源程序，然后进行调试、运行。

2. 案例分析

如果调试正常，却无法看到运行结果。解决的办法就是在程序结尾增加一条暂停语句：

```
system("pause");
```

由于该语句调用系统函数，因此必须在程序开头处增加编译预处理命令行：

```
#include<stdlib.h>
```

1.3 本章小结

在本章的学习中，要了解 C 语言的发展及特点、算法的概念与特性、三种基本程序结构以及流程图表示方法，掌握 C 语言程序的格式与构成，学会 C 语言程序的编译和运行方法。

1. C 语言的发展及特点

(1) 计算机语言分为机器语言、汇编语言、高级语言，C 语言属于高级语言。

(2) C 语言是由美国贝尔实验室于 1972 年研制出来的，后来又由美国国家标准局制定了新的 C 语言标准，称为 ANSI C，得到几乎所有广泛使用的编译器支持。

（3）C 语言是一种面向过程的编程语言，具有结构化的控制语句及模块化结构、可移植性好等特点。

2. C 语言程序的格式与构成

（1）C 语言程序由一个或多个函数构成，函数由函数首部与函数体两部分组成。
（2）一个 C 源程序有且仅有一个名为 main 的主函数。
（3）在每条语句和数据定义的结尾，必须有一个分号；在编译预处理命令行前应添加 #，该命令行的结尾不能添加分号。
（4）严格区分大小写字母。
（5）行注释用"//"，块注释用"/*…*/"。

3. C 语言程序的编译和运行

（1）C 语言源程序的扩展名为".c"，经过编译后生成扩展名为".obj"的目标程序，再通过连接生成扩展名为".exe"的可执行程序，只有可执行程序才可以运行。
（2）掌握如何使用 Visual C++ 6.0 或 Visual C++ 2010 集成开发环境来编辑、编译、连接、运行以及调试 C 语言程序。

4. 算法

（1）程序由数据结构和算法构成。
（2）算法是指为解决某个特定问题而采取的确定且有限的步骤。
（3）算法具有有穷性、确定性、有效性等特性，可以没有输入，但是一定有输出。
（4）算法的描述方法有流程图和伪代码，其中流程图最常用。
（5）结构化程序包括顺序结构、选择结构和循环结构三种结构。

习 题

1. C 语言基本概念填空
（1）列举出三种计算机高级语言：_____、_____和_____。
（2）一个 C 语言程序不论包含多少个函数，其中必须有一个_____。
（3）在 C 语言程序中，主函数不论出现在程序的何处，程序运行时总是从_____开始。
（4）C 语言源程序的扩展名是_____。
（5）C 语言源程序经过编译后，生成文件的扩展名是_____。
（6）C 语言源程序经过编译、连接，最终生成文件的扩展名是_____。
（7）一个有效的算法可以有零个输入，但是必须有一个或一个以上_____。
（8）结构化程序由三种基本结构组成，分别是_____、_____和_____。

2. 编写下列程序
（1）输出"Hello World!"。选择一种喜欢的 C 语言程序设计的编译环境安装，并在该编译环境中编写一个简单的 C 语言程序，实现在屏幕上输出"Hello World!"。程序的运行结果如图 1-12 所示。

图 1-12　"输出'Hello World!'"运行结果示例

（2）输出直角三角形。在 C 语言编译环境中编写程序，实现在屏幕上输出一个直角三角形的图案。程序的运行结果如图 1-13 所示。

图 1-13　"输出直角三角形"运行结果示例

（3）修改程序。在 C 语言编译环境中调试以下程序，根据出错信息，修改程序。

```
#include<stdio.h>;
main();
{
    int a,b,c;
    a=10;b=20
    c=a+b;
    printf("%d",c);
```

第 2 章 C 语言程序设计的初步知识

使用 C 语言进行程序设计，需要考虑两个最基本的问题：如何进行数据描述和如何进行动作描述。在 C 语言中，数据描述是通过各种数据类型，结合各种标识符、变量和常量来完成的；动作描述则通过语句实现，这些语句大多是由运算符和运算对象组成的表达式构成的。

2.1 知识梳理

本章主要围绕 C 语言中的数据描述和动作描述，介绍程序设计的一些初步知识，包括 C 语言中的各种数据类型、标识符、变量与常量以及 C 语言表达式的构成规则、涉及的各种运算符及其优先级和结合性等。

2.1.1 C 语言的数据类型

C 语言中的每一个数据都有具体的数据类型，C 语言提供了丰富的数据类型，包括基本类型、构造类型、指针类型和空类型，如图 2-1 所示。其中，基本类型是 C 语言程序设计的最小单元，又称为原子数据类型，其他复杂数据类型都可以由基本数据类型进行构造。

本章主要介绍基本类型中的整型、实型和字符型三种数据类型。

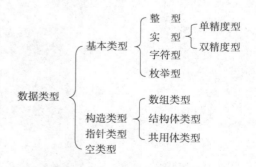

图 2-1 C 语言的数据类型

2.1.2 标识符、常量和变量

1. 标识符

C语言程序中的数据类型、变量、符号常量、函数、数组等命名，需要用标识符来表示。标识符是由字母、数字和下划线组成的字符序列。一般情况下，标识符的第一个字符必须为字母或下划线。需要指出的是，在 C 语言中，变量的命名对大小写敏感，即"main"和"Main"代表的是不同的标识符。

C 语言中的标识符可以分为系统定义标识符和用户定义标识符。

1）系统定义标识符

系统定义标识符是系统给出的固定的名字和特定的含义，它可以分为关键字和预定义标识符。

（1）关键字。关键字是 C 语言系统给出的特定含义的标识符，共有 32 个，主要是数据类型标识符、语句关键字等。这些关键字在程序中都代表固定的含义，不能另作他用。C 语言的关键字请参考附录 1。本章主要介绍的整型、实型和字符型的标识符如表 2-1 所示。

表 2-1 整型、实型和字符型的标识符

数据类型	类型标识符	说明
整型	int	基本型
实型	float	单精度型
实型	double	双精度型
字符型	char	—

（2）预定义标识符。预定义标识符也是 C 语言系统给出的特定含义的标识符，包括系统标准函数名和编译预处理命令等，如 printf、scanf、define、include 等。这些预定义标识符允许重新定义另作他用，使其失去预先定义的意义。

2）用户定义标识符

用户根据编程需要而定义的标识符，又称为自定义标识符，如变量名、函数名、数组名等。自定义标识符除了要遵守标识符命名规则，还应注意做到"见名知义"，以提高程序的可读性，如 sum 表示累加和、max 表示最大值、hour 表示小时、minute 表示分钟等。自定义标识符的合法与不合法示例如表 2-2 所示。

表 2-2 自定义标识符的合法与不合法示例

合法性	示例
合法	area、PI、pi、_ini、a_array、s1234、_0_、define
不合法	456P、cade-y、w.w、a&b、int

注意:

关键字在程序中代表固定的含义,不能用来定义标识符。例如,表 2-2 中的 int 是关键字,因此将它定义成自定义标识符不合法。预定义标识符允许重新定义。例如,表 2-2 中的 define,将它定义成自定义标识符是合法的,但是 define 也因此失去预先定义的意义。虽然预定义标识符允许重新定义,但是不建议这样操作。

2. 常量

常量是指在程序运行过程中,其值不能被改变的量。常量可以是直接用数据形式表示的直接常量,也可以是用标识符表示的符号常量。

1) 直接常量

常量也分为不同数据类型的常量,各种数据类型常量示例如表 2-3 所示。

表 2-3 常量示例

类型	示例	类型	示例
整型	12、-1、5	字符型	'A'、'd'、'5'
实型	3.1415、-2.71、.7、12.	字符串	"NCRE"、"Beijing"、"A"

在表 2-3 中,字符型常量是由一对单引号括起来的单个字符,在内存中占 1 字节的存储空间。字符串常量是由一对双引号括起来的若干个字符序列。

2) 符号常量

用一个标识符代表的常量,称为符号常量。符号常量必须在程序中进行特别指定,并符合标识符的命名规则。例如,在计算圆面积的程序中有:

```
#define PI 3.14159
```

其中,PI 称为符号常量,它代表字符 3.14159。对程序进行编译时,凡是在程序中出现 PI 的位置,编译程序均用 3.14159 来替换。

符号常量必须用 define 进行特别指定。define 是编译预处理中的宏定义命令,本书将在第 8 章对其做详细介绍。

3. 变量

1) 变量的概念

变量是指在程序运行过程中其值可以改变的量。在程序中用一个标识符表示变量。程序中的所有变量都必须先定义后使用。

2) 变量的定义

定义的格式:

```
数据类型标识符 变量名[,变量名][,变量名]…;
```

例如：

```
int a,b,c;        //定义 a,b,c 为整型变量
float width;      //定义 width 为单精度型变量
double z;         //定义 z 为双精度型变量
char c1,c2;       //定义 c1,c2 为字符型变量
```

3）变量的初始化

C 语言允许在定义变量的同时为变量赋值，也称为变量的初始化。

例如：

```
int i = 0;        //定义变量 i 为整型变量,并指定变量 i 的初值为 0
```

4）变量的赋值

若定义一个变量但并未对其初始化，则该变量是一个不确定的数据，必须在程序中对其赋予适当的值后才能使用。

变量赋值的格式：

```
变量名 = 表达式；
```

例如：

```
int i;            //定义变量 i 为整型变量
i = 0;            //变量 i 的值变为 0
i = 5;            //变量 i 的值变为 5
i = 100;          //变量 i 的值变为 100
```

变量赋值语句中的"="称为赋值运算符。赋值运算符不同于数学中的等号，这里不是等同的关系，而是"赋予"操作。因此，将赋值运算符"="理解成"变为"较为贴切。

2.1.3 整型数据

1. 整型常量

整型常量可以用十进制、八进制、十六进制等形式表示。整型常量的各种表示形式如表 2 - 4 所示。

表 2 - 4 整型常量

进制	示例	相当于十进制数	说明
十进制	397	$= 3 \times 10^2 + 9 \times 10^1 + 7 \times 10^0$ $= 397$	常见形式
八进制	0327	$= 3 \times 8^2 + 2 \times 8^1 + 7 \times 8^0$ $= 215$	八进制数以数字 0 开头，由数字 0 ~ 7 组成
十六进制	0xa2c	$= a \times 16^2 + 2 \times 16^1 + c \times 16^0$ $= 10 \times 16^2 + 2 \times 16^1 + 12 \times 16^0$ $= 2\,604$	十六进制数的开头必须是 0x（或 0X），即以数字 0 和字母 x（或大写字母 X）开头，由数字 0 ~ 9、字母 A ~ F 组成

若在整型常量后面加一个字母 l 或者 L，则表示此为长整型常量，如 397l 或者 397L。十进制数有正数、负数形式，而八进制数与十六进制数只能表示正数。

2. 整型变量

整型分为三种：基本型、短整型和长整型。根据整型数据在内存中存储的最高位是否表示符号位，整型数据有无符号和有符号之分。具体的数据类型标识符、所占字节数以及表示数据的取值范围如表 2-5 所示。

表 2-5　整型数据

数据类型		标识符	字节数	取值范围
基本型	整型	[signed] int	4	-21 亿～21 亿
	无符号整型	unsigned [int]	4	0～42 亿
短整型	短整型	[signed] short [int]	2	-32 768～32 767
	无符号短整型	unsigned short [int]	2	0～65 535
长整型	长整型	[signed] long [int]	4	-21 亿～21 亿
	无符号长整型	unsigned long [int]	4	0～42 亿

⚠ **注意：**

不同的编译环境对整型与无符号整型的长度规定不同，在 Visual C++ 6.0 与 Visual C++ 2010 中是 4 字节，而在 Turbo C 中是 2 字节。

整型变量的定义示例：

```
int a,b,c;
short i,j;
unsigned long m,n;
```

2.1.4　实型数据

1. 实型常量

实型常量又称为实数或浮点数，它有两种表示形式，分别是十进制数形式与指数形式。实型常量的两种表示形式如表 2-6 所示。

表 2-6　实型常量

实型常量	示例		说明
十进制数形式	0.123、.123、123.、0.		由数字和小数点组成
指数形式	1.23E+2、1.23E2、1.23e2	表示 1.23×10^2	字母 E(e) 之前必须有数字
	1e-6	表示 1×10^{-6}	

若在整型常量后面加一个字母 f（或 F），则表示此为单精度型常量，如 0.123f（或 0.123F）。

2. 实型变量

实型变量分为单精度型和双精度型，具体的数据类型标识符、所占字节数、有效数位以及表示数据的取值范围如表 2-7 所示。

表 2-7 实型变量

数据类型	标识符	字节数	有效数位	取值范围
单精度型	float	4	7	$10^{-38} \sim 10^{38}$
双精度型	double	8	15~16	$10^{-308} \sim 10^{308}$

实型变量的定义示例：

```
float t;
double d1,d2;
```

2.1.5 字符型数据

1. 字符常量

字符型常量是用单引号括起来的单个字符，在内存中占用 1 个字节。

C 语言有一种特殊形式的字符常量，就是以一个"\"（反斜杠）开头的字符，称为转义字符，如字符串结束标志'\0'（空字符）。常用的转义字符如表 2-8 所示。

表 2-8 常用的转义字符

转义字符	含义	转义字符	含义
\n	回车换行	\0	空字符
\t	横向跳格（Tab 键）	\\	\（反斜杠）
\v	竖向跳格	\'	'（单引号）
\b	退格（Backspace）	\"	"（双引号）
\r	回车符	\f	换页
\ddd	三位八进制数代表的字符，如'\41'	\xhh	两位十六进制数代表的字符，如'\x5A'

2. 字符变量

字符型标识符为 char，字符型数据在内存中占 1 字节。实际上，内存单元字符数据以对应的 ASCII 码值存储，与整数的存储形式类似。因此，在 C 语言中规定：字符数据可以作为整型数据来处理，例如，'a'对应的 ASCII 码值为 97，'A'对应的 ASCII 码值为 65；字符数据可以像整型数据那样进行运算，例如，'a' + 'A'的结果为 162，'a' – 'A'的结果为 32，'9' – '0'的结果为 9，'C' – 'A'的结果为 2。

字符变量的定义示例：

```
char ch;
ch = 'a';
```

其中，字符变量 ch 既可以代表字符'a'，也可以代表整数 97。运行如下语句：

```
printf("ch = %d,ch = %c\n",ch,ch);
```

字符变量 ch 分别以整型格式（%d）和字符型格式（%c）输出。输出结果：

```
ch = 97,ch = 'a'
```

3. 字符串常量

字符串常量是由一对双引号括起来的若干个字符的序列。

1）字符串常量的长度

字符串中字符的个数称为字符串长度。

例如，"Hello!" 的长度为 6，"\\\nabc" 的长度为 5。

长度为 0 的字符串称为空串，表示为" "。

2）字符串常量的存储方式

C 语言规定，在每一个字符串的结尾加一个字符串结束标志'\0'，以便系统据此判断字符串是否结束。因此，C 语言系统自动给每一个字符串的结尾加字符串的结束标志。'\0'是一个 ASCII 码值为 0 的字符，也称为空字符。虽然用户看不到这个空字符，但是它一直存在。

字符型常量'A'与字符串常量" A" 看起来非常相似，但是二者有所不同。前者在内存中占 1 字节存储空间，存放'A'字符；后者在内存中占 2 字节存储空间，分别存放'A'字符和'\0'字符。

⚠ **注意：**

字符串长度与字符串存储空间的区别：字符串长度是指字符串中包含的字符的个数，如字符串"NCRE" 由 4 个字符组成，它的长度为 4；字符串存储空间是指字符串在内存中所占的字节数，如字符串"NCRE" 在内存中占 5 字节，最后 1 字节是存放系统自动添加的字符串结束标志'\0'。

2.1.6 算术运算

在 C 语言中，有 5 种基本算术运算符。由算术运算符和运算对象组成的符合 C 语言语法的表达式称为算术表达式（表 2–9），其中运算对象可以是常量、变量和函数等。

表 2-9 算术运算符

算术运算符	说明	表达式示例
+	加法	a+b
	正号	+3.4
-	减法	a-b
	负号	-34
*	乘法	a*b
/	除法	x/y
%	求余	10%3

在算术运算符中，正号与负号是单目运算，其他的都是双目运算。

⚠ **注意：**

（1）如果双目运算符两边的运算对象的类型一致，则所得结果的类型与运算对象的类型一致。例如，5.0/2.0 的运算结果为 2.5，5/2 的运算结果为 2。

（2）如果双目运算符两边的运算对象的类型不一致，系统将自动进行类型转换，使运算符两边的类型达到一致，再进行运算。例如，5/2.0 等价于 5.0/2.0。

（3）求余运算符% 要求运算对象都是整型数据。

2.1.7 赋值运算

1. 基本赋值运算

赋值符号"="就是赋值运算符。通过赋值运算符，将右边的表达式赋值给左边的变量，这样的式子称为赋值表达式。它的一般格式如下：

变量=表达式

结合方向：从右到左。
例如：a=b=7+1
等价于 a=(b=(7+1))
等价于 a=(b=8)   //变量 b 的值为 8
等价于 a=8   //变量 a 的值为 8
优先级：赋值运算符的优先级比较低，仅高于逗号运算符。

2. 复合赋值运算

在赋值运算符之前加上其他双目运算符可以构成复合赋值运算符。
在赋值运算符之前加上算术运算符，可以构成复合赋值算术运算符：+=、-=、*=、/=、%=。

例如：n += 1，

等价于 n = n + 1

又如：n * = m + 3

等价于 n = n * (m + 3)

优先级：复合赋值运算符的优先级与赋值运算符的优先级相同。

2.1.8 特殊运算

1. 逗号运算

","就是逗号运算符。通过逗号运算符，将表达式连接起来的式子称为逗号表达式，它的一般格式如下：

表达式1,表达式2,…,表达式n

结合方向：从左向右。表达式n的值就是逗号表达式的值。

例如：

i = 3, i += 1, i += 2, i + 5

计算步骤如下：

（1）计算表达式1：i = 3
（2）计算表达式2：i += 1   //i = 4
（3）计算表达式3：i += 2   //i = 6
（4）计算表达式4：i + 5   //i + 5 的值为11，11 即逗号表达式的值

优先级：在所有运算符中，逗号运算符的优先级最低。

2. 自增、自减运算

C 语言中有两个非常特殊的单目运算符：自增运算符 ++、自减运算符 --。自增、自减运算符（表 2-10）和运算对象构成自增、自减表达式，其中运算对象只有一个，而且运算对象必须是变量。

表 2-10 自增、自减运算符

自增、自减运算符	表达式示例	说明	表达式的值（整体）	变量i的值（个体）
++	++i	前增1：先增1，再参与其他计算	同增1后的i	增1
	i++	后增1：先参与其他计算，后增1	同增1前的i	
--	--i	前减1：先减1，再参与其他计算	同减1后的i	减1
	i--	后减1：先参与其他计算，后减1	同减1前的i	

2.1.9 类型转换运算

1. 隐式类型转换

如果双目运算符两边的运算对象的类型不一致，系统将自动进行类型转换，使运算符两边的类型达到一致后，再进行运算，如除法运算符。

如果赋值运算的右边表达式的类型与左边变量的类型不一致，系统将自动将右边表达式的类型转换为左边变量的类型。

2. 强制类型转换

强制类型转换的一般格式如下：

(数据类型)表达式

例如：

```
(int)3.234      //该表达式的值强制变为3
(int)5.637      //该表达式的值强制变为5
```

由于求余运算符要求运算对象都是整型数据，因此有：

```
10.0%3          //语法错误
(int)10.0%3     //语法正确
```

2.2 典型案例

2.2.1 案例1：编程求圆的周长

1. 案例描述

定义变量 c 表示圆的周长，定义变量 r 表示圆的半径，给各变量赋值为0。输入半径 r 的值，求周长 c。最后输出周长 c 的值。运行结果示例如图2-2所示。

图2-2 案例1运行结果示例

2. 案例分析

以上问题通过一个流程图来描述，流程图如图2-3所示。

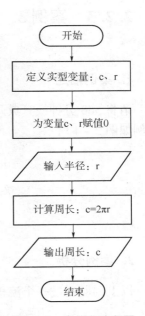

图2-3 案例1流程图

2.2.2 案例2：计算表达式的值

1. 案例描述

已知变量 a，其值为 9，请计算表达式的值：a += a -= a + a。

2. 案例分析

计算过程如下：

```
a += a -= a + a           //a 的值为 9
→a += ( a -= ( a + a ) )
→a += ( a -= 18 )
→a += ( a = a - 18 )
→a += ( a = ( a - 18 ) )
→a += ( a = -9 )          //a 的值变为 -9
→a += ( -9 )
→a = a + ( -9 )
→a = ( a + ( -9 ) )
→a = ( -18 )
→a = -18                  //a 的值变为 -18
→ -18
```

2.2.3 案例3：编程实现时间换算

1. 案例描述

请将 560 分钟换算成几小时几分钟，并输出换算结果相应的小时数与分钟数。运行结果示例如图 2-4 所示。

图 2-4 案例3运行结果示例

2. 案例分析

以上问题通过一个流程图来描述，流程图如图 2-5 所示。

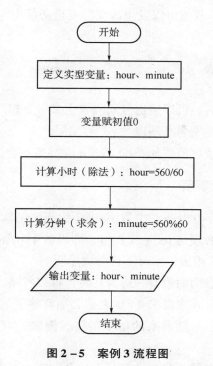

图 2-5 案例 3 流程图

2.3 本章小结

在本章的学习中，首先要掌握标识符的分类与定义、常量与变量的定义与使用，接着要掌握整型、实型和字符型三种基本数据类型的定义和使用方法，最后还要掌握算术运算、赋值运算、特殊运算以及类型转换运算。

1. 标识符的注意事项

（1）标识符由字母、数字和下划线组成，不能包含其他元素。
（2）标识符必须以字母或下划线开头，不能以数字开头。
（3）关键字不可以作为用户标识符，要注意区分大小写。例如，If 可以作为用户标识符。
（4）预定义标识符可以作为用户标识符，但在重新定义后，其失去预定义时的意义。

2. 变量与常量

常量在程序执行过程中，其值不发生改变。符号常量在使用之前必须定义，在其作用域内不能改变，也不能再被赋值。实型常量不分单精度、双精度，都按双精度 double 型处理。字符串常量是用一对双引号括起来的若干字符的序列，在存储时，系统自动在其结尾加上结束标志'\0'，因此字符串常量在内存中所占的字节数等于字符串长度加 1。

变量在程序执行过程中,其值可以发生改变。变量必须先定义后使用。定义变量的格式如下:

```
数据类型标识符 变量名[,变量名][,变量名]…;
```

定义变量时的注意事项:

(1) 在一个类型说明符后,可以用逗号间隔来定义多个相同类型的变量。

(2) 定义中的最后一个变量名必须以";"号结尾。

(3) 在定义中不允许连续赋值,如"int i = j = 1;"是不合法的。

3. 基本数据类型的注意事项

(1) 八进制数必须以数字 0 开头,由数字 0~7 组成。例如,028 是非法的八进制数。

(2) 十六进制数的开头必须是 0x(或 0X),即以数字 0 和字母 x(或大写字母 X)开头,由数字 0~9、字母 A~F 组成,字母不区分大小写。

(3) 实型常量中,小数点的两边有一边为 0 时,可以省略。

(4) 指数形式的实型常量在字母 E(e)之前必须有数字,后面必须为整数。

(5) 字符型常量是用单引号括起来的单个字符。例如,'48'和" a" 都是错误的字符型常量形式。

(6) 对于八进制的转义字符,其前导部分不包含数字 0;对于十六进制的转义字符,其前导部分不包含数字 0,且 x 不能写为 X。

4. 算术运算

算术运算符包括 +、-、*、/、%,其中 *、/ 和 % 的优先级高于 +、-。当运算符的优先级相同时,运算符的结合方向为从左到右。如果运算符 / 两边的运算对象都为整型,则结果为整型;如果运算符 / 其中一边的运算对象为小数,则结果为小数。运算符 % 两边的运算对象都必须为整型数据。

5. 赋值运算

赋值运算的运算符(=)将右边的表达式赋值给左边的变量,运算的结合方向为从右到左,其优先级仅高于逗号运算符。复合赋值算术运算符包括 +=、-=、*=、/=、%= 等,优先级与赋值运算符相同。

6. 特殊运算

逗号运算符(,)将多个表达式连接起来组成一个表达式,运算的结合方向为从左到右,所以整个逗号表达式的值为所连接的最右边的表达式的值。在所有运算符中,逗号运算符的优先级最低。

自增、自减运算符为 ++ 与 --,它们的功能是对运算对象的值进行增 1 或者减 1,均为单目运算,都具有右结合性。如果运算符在前,则先自增(或自减)后再参与其他运算;如果运算符在后,则先参与运算后再进行自增(或自减)。

7. 类型转换运算

隐式类型转换是系统自动进行的，在双目运算或者赋值运算时，若两边的类型不一致，系统就会自动进行类型转换。

强制类型转换的一般格式如下：

(数据类型)表达式

其中，数据类型一定要有括号，在与其他运算混合在一起时，要分清哪些对象参与类型转换。例如，"(int)(i+j)"与"(int)i+j"，前者先计算 i 与 j 的和再转为整型，后者则先把 i 转为整型再与 j 相加。

习 题

1. 用 C 语言表达式描述以下数学计算式

（1） $a^2 + b^2 + 2ab$

（2） $x = vt + \dfrac{1}{2}at^2$

（3） $\dfrac{4ac - b^2}{4a}$

2. 写出下列表达式的值，已知 a = 3，b = 4，c = 5

（1） a*b-c

（2） c/b%a

（3） a++*b

（4） --b+c

（5） a+=a-=a*a

（6） c%=a

（7） a,b,c

（8） a=a+b,a+c

（9） a-'a'

（10） (double)c/b

3. 阅读下列程序，写出程序的运行结果

（1） 以下程序的运行结果是_____。

```
#include<stdio.h>
void main()
{
    char c1='1', c2='A', c3;
    int k=5;
    c1++;
    c3=(c2+32+k)%26;
    printf("c1=%c,c3=%d",c1,c3);
}
```

（2）以下程序的运行结果是_____。

```c
#include<stdio.h>
void main()
{   int i,n=5;
    i=(++n)+(++n);
    n=i;
    printf("%d,%d",n++,n++);
}
```

（3）以下程序的运行结果是_____。

```c
#include<stdio.h>
void main()
{   int x,y,z;
    x=3;y=2;z=1;
    x*=y+=z;
    z=--x*3;
    printf("%d",x+y+z);
}
```

（4）以下程序的运行结果是_____。

```c
#include<stdio.h>
void main()
{   int i,j;
    double x,y;
    i=3;
    j=2;
    x=4.0;
    y=1.5+i/j+x;
    printf("y=%f\n", y);
}
```

（5）以下程序的运行结果是_____。

```c
#include<stdio.h>
void main()
{   int a,b,c;
    a=1,a++,b=++a,c=2+a;
    printf("a=%d,b=%d,c=%d\n",a,b,c);
}
```

第 3 章 顺序结构程序设计

顺序结构，顾名思义，其程序结构中的语句是按照从上到下的顺序依次执行的。在 C 语言中，顺序结构是最基本、最简单的一种结构，只要按顺序给出相应的语句即可。

3.1 知识梳理

为了能完成最简单的程序，需要掌握一些最基本的语法与语句。例如，如何构成一条 C 语言的语句，如何进行输入输出。本章将主要介绍五种类型的 C 语言语句，并着重对其中的输入输出函数调用语句进行详细阐述。

3.1.1 C 语言的语句

C 语言程序由若干条语句组成，每条语句以分号作为结束符。C 语言的语句类型可以分为表达式语句、函数调用语句、控制语句、空语句和复合语句五类。

1. 表达式语句

表达式语句是 C 语言中最基本的语句。在表达式后面加一个分号，就构成了表达式语句。例如：

```
a = 1, b = 2, c = 3;
i ++ ;
i -- ;
```

在表达式语句中，最常用的是赋值语句。在赋值表达式后面加一个分号，就构成了赋值语句。例如：

```
tag = 1;
i = 1;
sum += i;
ch = ch - 32;
```

2. 函数调用语句

在函数调用表达式后面加一个分号,就构成了函数调用语句,该函数可能是库函数,也可能是自定义函数。例如:

```
printf("hello world");       //标准输出函数
scanf("%d",&a);              //标准输入函数
srand(time(NULL));           //产生随机数种子函数
```

库函数与自定义函数的具体内容将在第 6 章详细介绍。

3. 控制语句

C 语言顺序结构中,按语句在程序中的先后顺序逐条执行。此外,C 语言还有选择结构与循环结构。由 if 语句和 switch 语句这两种控制语句构成选择结构;由 while 语句、do…while 语句和 for 语句这三种控制语句构成循环结构。选择控制语句与循环控制语句将分别在第 4 章与第 5 章详细介绍。

4. 空语句

只有一个分号的语句,称为空语句。程序执行空语句时,不产生任何动作。在程序设计中,有时需要加一条空语句来表示存在一条语句。但是,随意加分号可能导致逻辑上的错误,而且这种错误十分隐蔽,编译器也不会提示逻辑错误,因此初学者一定要慎用。

5. 复合语句

在 C 语言中,{} 符号不仅可以作为函数体的开头与结尾的标志,也可以作为复合语句的开头与结尾的标志。复合语句也可称为"语句块",其语句形式如下:

```
{语句 1;语句 2;…;语句 n;}
```

多条语句被 {} 符号括起来,被当成一条复合语句来执行。在复合语句内,可以有完整的说明语句序列部分和可执行语句序列部分。例如:

```
{int a,b;a = 1;a ++; b * = a; printf("b = %d\n",b);}
```

该代码中的 "int a,b;" 属于说明语句,其他语句属于可执行语句序列。

3.1.2 数据的输出

把数据从计算机内部送到计算机外部设备的操作称为输出。C 语言本身并没有提供输入输出语句,其通过调用标准库函数中提供的输入函数和输出函数来实现输入和输出。这时,需要在源程序中使用编译预处理命令中的文件包含命令:#include < stdio. h >。

1. 字符输出函数

字符输出函数的一般调用格式如下：

```
putchar(ch);
```

其功能是在标准输出设备上输出一个字符。其中，putchar 是函数名；ch 是函数参数，可以是字符型或整型的常量、变量或表达式。例如：

```
putchar(a);     //在终端输出字符变量 a 的内容
putchar('Y');   //在终端输出字符 Y
```

2. 格式输出函数

1) 格式输出函数的一般形式

格式输出函数的一般调用格式如下：

```
printf(格式控制,输出项表);
```

其功能是按格式控制所指定的格式在标准输出设备上输出"输出项表"中列出的各输出项，故以上调用输出函数语句也称为输出语句。其中，printf 是函数名；格式控制是字符串的形式（需要加一对双引号）；输出项表由多个输出项组成，输出项之间用逗号分隔，每个输出项可以是常量、变量或表达式。例如：

```
printf("x = %d,y = %d\n",x,y);
```

其中，"x = %d,y = %d\n"是格式控制字符串，x、y 是输出项表中的两个输出项。格式控制字符串决定输出数据的内容和格式，%d 是格式说明，它由% 与格式字符 d 组成，d 表示以十进制形式输出整型。第一个%d 表示第一个输出项 x 以十进制形式输出，第二个%d 表示第二个输出项 y 以十进制形式输出。格式控制字符串中除了格式说明外，其他数据原样输出（若有转义字符，则转义后输出）。若 x 的值为 10，y 的值为 20，则该语句的输出内容如下：

```
x = 10,y = 20<CR>     //<CR>表示回车符
```

2) 格式字符

输出不同类型的数据需要使用不同的格式字符。表 3 – 1 列出了 printf 函数中常用的格式字符。

表 3 – 1　printf 函数中常用的格式字符

格式字符	说明	对应的输出项数据类型
c	以字符形式输出	字符型
d	以十进制形式输出	整型
o	以八进制形式输出	
x 或 X	以十六进制形式输出	
u	以无符号十进制形式输出	

续表

格式字符	说明	对应的输出项数据类型
f	以小数形式输出，默认输出6位小数	实型
e 或 E	以指数形式输出	
g	选用%f或%e中输出宽度较短的格式	
s	以字符串形式输出	字符串

3) 附加格式字符

格式说明的%和格式字符之间出现的符号，称为附加格式字符，主要用于指定输出数据的宽度和输出形式。printf函数中常用的附加格式字符如表3-2所示。

表3-2 printf函数中常用的附加格式字符

附加格式字符	说明	示例
l	表示长整型数据	%ld、%lo、%lx、%lu
m	输出的数据长度是m。当数据的长度大于m时，就自动突破；当数据的长度小于m时，就填充空格	%2d
.n	对于实数，表示限制输出n位小数；对于字符串，表示截取n个字符	%.0f
+	带符号输出	%+d
-	左对齐方式输出	%-d

3.1.3 数据的输入

从计算机外部设备将数据送入计算机内部的操作称为输入。与数据的输出相似，实现数据输入需要通过调用标准库函数中提供的输入函数，也需要在源程序中使用编译预处理命令中的文件包含命令：#include <stdio.h>。

1. 字符输入函数

字符输入函数的一般调用格式如下：

```
getchar();
```

其功能是在标准输入设备上输入一个字符。其中，getchar是函数名，其后的一对圆括号不可少。例如：

```
ch = getchar();
```

在该字符输入语句中，ch是字符型变量，getchar()函数从终端读入一个字符，将该字符赋值给变量ch。

2. 格式输入函数

1) 格式输入函数的一般形式

格式输入函数的一般调用格式如下：

```
scanf(格式控制,输入项表);
```

其功能是按格式控制所指定的格式在标准输入设备上输入"输入项表"中列出的各输入项，故以上调用输入函数语句也称为输入语句。其中，scanf 是函数名；格式控制与输出函数一样，必须用双引号括起来；输入项表由多个变量地址组成，各变量地址之间用逗号分隔。简单变量的地址，只要在变量名前添加地址操作符（&）。例如：

```
scanf("%d%d",&x,&y);
```

其中，"%d%d"是格式控制字符串；&x、&y 是输入项表中的两个输入项。第一个%d 表示第一个输入项 x 以十进制形式输入，第二个%d 表示第二个输入项 y 以十进制形式输入。输入数据时，不同的数据输入需要间隔符。根据输入项数据类型或格式控制格式，间隔符略有不同，主要有以下三种情况：

（1）输入整数或实数时，输入的数据之间必须用空格、回车符、制表符等间隔符隔开。例如，输入语句：

```
scanf("%d%d",&x,&y);
```

若通过该输入语句使 x 的值为 10，使 y 的值为 20，则正确的输入是：

```
10<空格>20
```

或者：

```
10<回车>
20
```

（2）格式说明之间插入的其他字符，称为通配符，即输入数据时必须输入这些通配符，否则出错。例如，输入语句：

```
scanf("%d,%d",&x,&y);
```

由于两个%d 之间有一个逗号，因此若通过该输入语句使 x 的值为 10，使 y 的值为 20，则正确的输入是：

```
10,20
```

所以，为了减少不必要的麻烦，应尽量避免使用通配符。

（3）输入字符时没有间隔符。例如，输入语句：

```
scanf("%c%c",&x,&y);
```

由于两个字符型变量的输入格式均为%c，因此若通过输入语句，使 x 的值为字符*，使 y 的值为字符#，则正确的输入是：

```
*#
```

2）格式字符

scanf 函数中常用的格式字符与 printf 函数中常用的格式字符基本相同，表 3-3 中列出了 scanf 函数中常用的格式字符。

表 3-3 scanf 函数中常用的格式字符

格式字符	说明	对应的输入项数据类型
c	输入一个字符	字符型
d	输入十进制整数	整型
o	输入八进制整数	整型
x	输入十六进制整数	整型
i	输入整数。整数为带前导 0 的八进制数或带前导 0x（0X）的十六进制数	整型
u	输入无符号十进制整数	整型
f	输入单精度数	实型
lf	输入双精度数	实型
e（le）	与 f（lf）的作用相同	实型
s	输入字符串	字符串

3.2 典型案例

3.2.1 案例1：赋值表达式与赋值语句

1. 案例描述

请分析以下两行代码的区别：
（1） a = b + c
（2） a = b + c;

2. 案例分析

在赋值表达式的结尾加上一个"；"，就构成了赋值语句。赋值语句是表达式语句中应用得最广泛的一种语句。

因此，（1）是赋值表达式，（2）是赋值语句。

3.2.2 案例2：printf 函数的应用

1. 案例描述

假设已经定义变量 hour = 9，变量 minute = 20，执行以下输出语句，请写出运行结果。

```
printf("hour = %d,minute = %d\n",hour,minute);
```

2. 案例分析

本案例是输出语句的基本应用。printf 函数中的"hour = %d,minute = %d\n"是格式控制符。其中，第一个%d 表示第一个输出项 hour 以十进制形式输出；第二个%d 表示第二个输出项 minute 以十进制形式输出；格式控制符中的其他字符原样输出；\n 表示转义字符回车符。

⚠ **注意：**

printf 函数可以没有输出项，常用于原样输出字符串。例如：

```
printf("YES!\n")
printf("Please input x:")
```

3.2.3 案例3：scanf 函数的应用

1. 案例描述

假设有两个整型变量 a、b，要求通过键盘输入变量 a 与变量 b 的值。请写出输入语句的代码。

2. 案例分析

整型变量 a 与 b 对应的输入格式说明均为%d，输入项必须是地址表达式，故在两个变量前加地址运算符 & 作为输入项：&a、&b。

3.2.4 案例4：数据输入输出的综合应用

1. 案例描述

输入两个整数给变量 x 和 y，然后输出 x 和 y，在交换 x 和 y 的值后，再输出 x 和 y，以验证两个变量中的数据是否正确地进行了交换。运行结果示例如图 3-1 所示。

图 3-1 案例 4 运行结果示例

2. 案例分析

该案例需要编写一个完整的程序,程序中的语句按顺序执行,故程序结构是顺序结构。程序的执行过程通过图 3-2 所示的流程图进行描述。

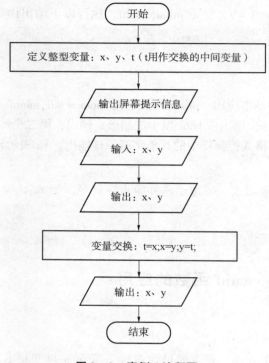

图 3-2 案例 4 流程图

3.3 本章小结

在本章的学习中,首先要掌握表达式语句、函数调用语句、控制语句、空语句和复合语句这 5 种语句类型。由赋值表达式构成的赋值语句是最常见的一种表达式语句。空语句只包含一个分号,执行时不产生任何动作,但不可随意添加,否则会引起逻辑上的错误。复合语句是位于{ }符号之内的可选的说明语句和执行语句,如果包含说明语句,则必须放在语句块的前面部分。其次,还要掌握 putchar 和 printf 两种输出函数以及 getchar 和 scanf 两种输入函数。在调用标准库函数中提供的输入和输出函数时,注意要先包含头文件"stdio.h"。

1. 字符输出函数

字符输出函数的一般调用格式如下:

```
putchar(ch);
```

putchar 是带一个参数的单个字符输出函数，参数可以是字符型（或整型）的常量、变量或表达式。

2. 格式输出函数

格式输出函数的一般调用格式如下：

```
printf(格式控制,输出项表);
```

其中，格式控制包括格式说明字符串和普通字符串。格式说明字符串用于指定输出格式，以%开头，后面有各种格式字符，用于说明输出数据的类型、形式、长度、小数位数等。普通字符串中的转义字符需要先转换后再输出，其他字符将会原样输出，它们在显示中只起提示作用。输出项表由若干个输出项构成，输出项之间用逗号隔开，各输出项在数量和类型上必须和格式说明字符串一一对应。每个输出项既可以是常量和变量，也可以是表达式。

使用 printf 函数的注意事项：

（1）printf 函数可以只有一个参数，不带格式说明字符串。
（2）如果输出项表中的项目在格式控制参数中没有对应的格式说明，则不会输出。
（3）语句 printf("%d",i++) 的执行过程是先输出 i 的值，再对 i 加 1。
（4）字符可以用%c 或%d 的形式输出。注意：以%d 作为格式说明时，输出的是字符对应的十进制的 ASCII 码。

3. 字符输入函数

字符输入函数的一般调用格式如下：

```
getchar();
```

getchar 函数是一个无参函数，在调用 getchar( ) 函数时，后面的括号不能省略。在用户按回车键后，输入函数才开始执行，输入的数字、空格、回车键等都按字符处理。每次只能接收一个字符，输入多个字符时，只接收第一个字符。

4. 格式输入函数

scanf 函数的一般格式如下：

```
scanf(格式控制,输入项表);
```

其中，格式控制指定数据的输入格式，必须用双引号括起来，一般只包含格式说明；输入项表则由一个（或多个）变量地址组成，当变量地址有多个时，各变量地址之间用逗号隔开。

使用 scanf 函数的注意事项：

（1）如果在输入数据前需要输出提示字符串，则不要直接加入格式控制参数，而是应该另外通过 printf 函数输出。
（2）如果输入项不是地址类型的变量，则必须在变量名前加"&"符号。
（3）输入字符时，没有间隔符；输入整数或实数时，可以用空格、回车符、制表符等间隔符隔开，尽量避免使用其他字符当通配符来间隔。

习 题

1. 阅读下列程序，写出程序的运行结果

（1）若从键盘输入444、666和888，则以下程序的运行结果是_____。

```
#include<stdio.h>
void main()
{    int a=1,b=2,c=3;
     scanf("%d%*d%2d",&a,&b,&c);
     printf("a=%d,b=%d,c=%d\n",a,b,c);
}
```

（2）以下程序的运行结果是_____。

```
#include<stdio.h>
void main()
{    short a=0x1d,b;
     double c=5.6,d;
     b=a/2;
     d=5.6/6;
     printf("b=%d,d=%.2f \n",b,d);
}
```

（3）以下程序的运行结果是_____。

```
#include<stdio.h>
void main()
{    int a=1,b=2,c=3;
     {a++; b+=a;}
     c%=b;
     printf("%d",c);
}
```

（4）若从键盘输入2，则以下程序的运行结果是_____。

```
#include<stdio.h>
void main()
{    char a='1',b;
     b=getchar();
     b=b+1;
     printf("%c",b);
     printf("%d\n",b-a);
}
```

2. 补充下列程序

（1）以下程序将分钟数转换成"小时:分钟"格式，请填空实现程序功能。

```
#include<stdio.h>
void main()
{
    int n,hour,minute;
    scanf("%d",&n);
    hour = _____;
    minute = _____;
    printf("_____\n",hour,minute);
}
```

(2) 以下程序输入长方体的长、宽、高，输出长方体的面积和体积，请填空实现程序功能。

```
#include<stdio.h>
void main()
{   double a,b,c,s,v;
    printf("输入长、宽、高:");
    scanf("_____",&a,&b,&c);
    s = _____;
    v = a*b*c;
    printf("s = %lf \nv = %lf \n",_____);
}
```

(3) 通过以下程序输入三个整数给a、b、c，然后对其中的数进行交换，把a的值给b，把b的值给c，把c的值给a，最后输出a、b、c中的新值。

```
#include<stdio.h>
void main()
{
    int a,b,c,t1,t2;
    printf("Enter a b c:\n");
    scanf("%d%d%d",_____);
    printf("a = %d b = %d c = %d\n",a,b,c);
    t1 = a;
    _____;
    a = c;
    _____;
    c = t2;
    printf("a = %d b = %d c = %d\n",a,b,c);
}
```

3. 编写下列程序

（1）输出玫瑰花。编写一个C程序，输出如图3-3所示的玫瑰花图形。

图3-3 "输出玫瑰花"运行结果示例

(2) 圆球体计算。已知球的表面积公式为 $s=4\pi r^2$，体积公式为 $v=4/3\pi r^3$，公式中 π 的取值为3.14159，编写程序，输入半径 r，输出球的表面积和体积，运行结果示例如图3-4所示。

图3-4 "圆球体计算"运行结果示例

(3) 求平均值。编写程序，输入三个数，输出它们的平均值，并保留此平均值小数点后2位数，运行结果示例如图3-5所示。

图3-5 "求平均值"运行结果示例

(4) 抵用券问题。顾客使用抵用券购买商品，抵用券的面额是固定的，均为10元，且不能全部使用抵用券。例如，购买78元的商品，最多只能使用7张抵用券，还要另外支付8元。假设抵用券有足够多，编写程序，输入购买商品的总金额，输出抵用券能抵用的最大金额和应另付的金额（保留1位小数），运行结果示例如图3-6所示。

图3-6 "抵用券问题"运行结果示例

第4章 选择结构程序设计

上一章介绍了顺序结构。顺序结构只能按语句出现的顺序逐条执行，程序逻辑较为简单。但在实际应用中，常常需要根据不同的情况来处理不同的流程。例如，ATM（自动柜员机）根据用户选择的金额提供相应数目的现金；地铁售票系统根据乘客选择的目的站点计算相应的费用；等等。在 C 语言中，使用选择结构进行逻辑判断，并根据逻辑判断的结果来决定程序的不同流程。

4.1 知识梳理

选择结构是结构化程序设计的三种基本结构之一。本章介绍逻辑运算、关系运算和选择结构程序设计。

选择结构控制语句包含 if 语句与 switch 语句。其中，if 语句根据给定条件的值（真或假）来决定执行不同的分支，主要形式有单分支 if 语句、双分支 if 语句、多分支 if 语句、if 语句的嵌套。switch 语句与 if 语句不同，它根据某个表达式的值来决定程序执行哪一段代码。

4.1.1 C 语言的逻辑值

C 语言用"非 0"值表示逻辑真，对应整数值 1；用"0"值表示逻辑假，对应整数值 0。

C 语言提供关系运算和逻辑运算，关系运算和逻辑运算的结果均为逻辑值。

4.1.2 关系运算

关系运算符是构成条件的基本元素，由关系运算符和运算对象组成的表达式称为关系表达式。关系运算符、含义及其示例如表 4-1 所示。

表 4-1 关系运算符

关系运算符	说明	关系表达式示例
<	小于	a < b
<=	小于等于	a <= 100
>	大于	a > b
>=	大于等于	a >= 60
==	等于	a == b
!=	不等于	x != y

4.1.3 逻辑运算

逻辑运算符也是构成条件的基本元素,由逻辑运算符和运算对象组成的表达式称为逻辑表达式。逻辑运算符、含义、运算规则及其示例如表 4-2 所示。

表 4-2 逻辑运算符

逻辑运算符	说明	运算规则	逻辑表达式示例
!	逻辑非	!0 = 1 !1 = 0	!(a%2)
||	逻辑或	0||0 = 0 0||1 = 1 1||0 = 1 1||1 = 1	n == 0 || n == 1
&&	逻辑与	0&&0 = 0 0&&1 = 0 1&&0 = 0 1&&1 = 1	a >= 100 && a <= 200

4.1.4 if 语句

if 语句是非常重要的选择结构控制语句,其功能是根据给定条件的值来决定执行对应的分支语句,根据分支数的不同,if 语句主要有以下四种形式。

1. 单分支 if 语句

单分支 if 语句的格式:

```
if(条件表达式){语句}
```

其中,条件表达式通常由关系表达式或逻辑表达式组成,结果为逻辑值。单分支 if 语句的功能是先计算条件表达式,当条件表达式的值为真时,就执行语句。

2. 双分支 if 语句

双分支 if 语句的格式：

```
if(条件表达式)
    {语句1}
else
    {语句2}
```

其功能是先计算条件表达式，若条件表达式的值为真就执行语句1，若条件表达式的值为假就执行语句2。

3. 多分支 if 语句

多分支 if 语句的格式：

```
if(条件表达式1){语句1}
else if(条件表达式2){语句2}
else if(条件表达式3){语句3}
    ⋮
else if(条件表达式m){语句m}
else{语句n}
```

其功能是先计算条件表达式1，若条件表达式1的值为真就执行语句1，否则计算条件表达式2，若条件表达式2的值为真就执行语句2，依次类推，如果所有条件表达式的值都为假，则执行语句n。

4. if 语句的嵌套

在一条 if 语句中出现另一条 if 语句，称为 if 语句的嵌套。

if 语句的嵌套的结构：

```
在 if 子句中嵌套 if 语句
在 else 子句中嵌套 if 语句
```

4.1.5 switch 语句

在选择结构中，当条件较多时，使用 if 语句控制结构可能使程序变得复杂，容易引起逻辑错误，使用 C 语言中提供的 switch 语句就可以方便地解决这类问题。

switch 语句的格式：

```
switch(表达式)
{
    case 常量表达式1:{语句1}
    case 常量表达式2:{语句2}
        ⋮
    default:{语句}
}
```

4.2 典型案例

4.2.1 案例1：使用流程图描述算法

1. 案例描述

输入一个整数 n，判断其是奇数还是偶数。如果 n 是偶数，就在屏幕上显示 "n is even"；否则，在屏幕上显示 "n is odd"。请用一个流程图来描述以上问题。最终的流程图完成效果如图 4-1 所示。

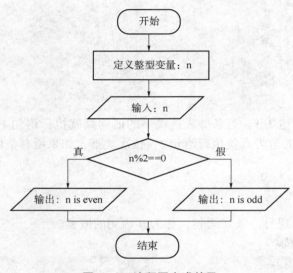

图 4-1 流程图完成效果

2. 案例分析

以上问题可通过选择结构来实现。控制选择结构执行方向的条件表达式一般用关系表达式或逻辑表达式来描述，条件表达式的值为 1 表示条件成立，条件表达式的值为 0 表示条件不成立。实现选择结构的语句有 if 语句与 switch 语句。

4.2.2 案例2：计算表达式的值

1. 案例描述

计算以下表达式的值：

(1) ! 1 + 2 > 1

(2) 6 <! 7 ||20 >10&&'b' >'a'

2. 案例分析

计算过程如下:

(1) !1 +2 >1
→0 +2 >1
→2 >1
→1

(2)6 <! 7 ||20 >10&&'b' >'a'
→6 <0 ||20 >10&&'b' >'a'
→0 ||1&&1
→0 ||1
→1

4.2.3 案例3：编程实现两个数的排序

1. 案例描述

输入两个整数 a、b，然后把输入的数据重新按由大到小的顺序放在变量 a、b 中，最后输出 a、b 的值。运行结果示例如图 4-2 所示。

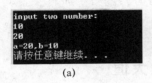　　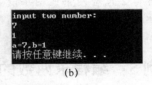

(a) 　　　　　　　　　　(b)

图 4-2 案例3 运行结果示例

a) 输入10 和20 时的运行结果示例；(b) 输入7 和1 时的运行结果示例

2. 案例分析

当 a<b 时，两个数进行交换，使用单分支 if 语句实现。两个数的交换通过一个中间变量 t 来实现：

{t =a;a = b;b = t;}

⚠ **注意：**

单分支 if 语句格式：

if(条件表达式)语句

其中，语句既可以是一条简单语句，也可以是空语句，还可以是复合语句。

4.2.4 案例4：编程实现奇偶性的判断

1. 案例描述

输入一个整数n，判断其是奇数还是偶数。如果n是偶数，则在屏幕上显示"n is even"；否则，在屏幕上显示"n is odd"。运行结果示例如图4-3所示。

图4-3 案例4运行结果示例

（a）输入偶数时的运行结果示例；（b）输入奇数时的运行结果示例

2. 案例分析

该案例的问题已经在案例1中做了详细说明，并通过流程图进行了描述，可通过双分支if语句来实现。判断n是否为偶数的条件表达式为n%2==0或!(n%2)等。

⚠ **注意：**

双分支if语句格式：

```
if(条件表达式){语句1} else {语句2}
```

其中，当条件表达式成立时，执行if后面最近的一条语句，否则执行else后面最近的一条语句。如果语句1或语句2包含两条或两条以上语句，就必须加{}，使其变成一条复合语句，双分支语句才能正常执行。

4.2.5 案例5：编程求两数的较大值

1. 案例描述

输入两个数，求两个数的较大值。运行结果示例如图4-4所示。

图4-4 案例5运行结果示例

2. 案例分析

该案例既可以通过双分支if语句实现，也可以通过条件表达式实现。

条件表达式为三目运算，形式如下：

表达式 1？表达式 2：表达式 3

其中，表达式 1 就是"条件式"，条件表达式根据"条件式"的值来决定表达式的结果：若"条件式"为真，则结果为表达式 2 的值；若"条件式"为假，则结果为表达式 3 的值。

4.2.6 案例 6：编程实现成绩级别的判断

1. 案例描述

输入学生的成绩 score，根据成绩来判断成绩级别：90 分（含）以上输出"优秀"；80 分（含）以上输出"良好"；60 分（含）以上输出"及格"，60 分以下输出"不及格"。运行结果示例如图 4-5 所示。

 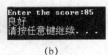 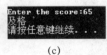 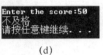
(a)　　　　　　　(b)　　　　　　　(c)　　　　　　　(d)

图 4-5　案例 6 运行结果示例

（a）输入"95"时的运行结果；（b）输入"85"时的运行结果；
（c）输入"65"时的运行结果；（d）输入"50"时的运行结果

2. 案例分析

该案例通过多分支 if 语句实现。多分支结构的深度过深时，会导致读程序困难。阅读程序时，应从上到下逐一对 if 后的表达式进行检测，当某个表达式的值为真时，就执行与此有关子句中的语句，其余部分不执行。如果所有表达式的值都为 0，则执行最后的 else 子句。如果最后没有的 else 子句，将不进行任何操作。

4.2.7 案例 7：编程求分段函数

1. 案例描述

有一个函数如下：

$$y = \begin{cases} -1, & x < 0 \\ 0, & x = 0 \\ 1, & x > 0 \end{cases}$$

编写程序，输入一个 x 值，输出对应的 y 值。运行结果示例如图 4-6 所示。

 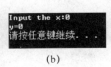 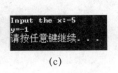
(a)　　　　　　　(b)　　　　　　　(c)

图 4-6　案例 7 运行结果示例

（a）输入"8"时的运行结果；（b）输入"0"时的运行结果；（c）输入"-5"时的运行结果

2. 案例分析

实现该案例的方法有很多,既可以通过单分支 if 语句实现,也可以通过多分支 if 语句实现,还可以通过 if 语句的嵌套实现。

1) 单分支 if 语句实现

代码如下:

```c
#include<stdio.h>
main()
{
    int x,y;
    printf("Input the x:");
    scanf("%d",&x);
    if(x<0)
        y=-1;
    if(x==0)
        y=0;
    if(x>0)
        y=1;
    printf("y=%d\n",y);
}
```

2) 多分支 if 语句实现

代码如下:

```c
#include<stdio.h>
main()
{
    int x,y;
    printf("Input the x:");
    scanf("%d",&x);
    if(x<0)
        y=-1;
    else if(x==0)
        y=0;
    else
        y=1;
    printf("y=%d\n",y);
}
```

3) if 语句的嵌套实现

(1) if 子句中的嵌套。代码如下:

```c
#include<stdio.h>
main()
{
   int x,y;
   printf("Input the x:");
   scanf("%d",&x);
   if(x<=0)
       if(x<0)
           y=-1;
       else
           y=0;
   else
       y=1;
   printf("y=%d\n",y);
}
```

（2）else 子句中的嵌套。代码如下：

```c
#include<stdio.h>
main()
{
   int x,y;
   printf("Input the x:");
   scanf("%d",&x);
   if(x<0)
       y=-1;
   else
       if(x==0)
           y=0;
       else
           y=1;
   printf("y=%d\n",y);
}
```

4.2.8 案例 8：switch 语句的应用

1. 案例描述

请将 1~7 的任意一个数字转化成对应的英文星期几的前三个字母，如 1 转化为 Mon，7 转化为 Sun 等。运行结果示例如图 4-7 所示。

图4-7 案例8运行结果示例

（a）输入"1"时的运行结果；（b）输入"100"时的运行结果

2. 案例分析

switch 语句是实现多分支选择结构的另一种语句。虽然多分支 if 语句完全可以实现多分支结构的功能，但是若嵌套的深度过深，就会造成程序可读性较差，易导致嵌套错误。switch 语句可以避免嵌套过深的问题，使程序的结构清晰明了。由于其类似实际生活中的开关，故也称为开关语句。该案例通过 switch 语句实现。

4.3 本章小结

在本章的学习中，首先要掌握关系运算符、关系表达式以及逻辑运算符、逻辑表达式。关系运算符有：<（小于）、<=（小于或等于）、>（大于）、>=（大于或等于）、==（等于）、!=（不等于）。逻辑运算符有：&&（逻辑与）、||（逻辑或）、!（逻辑非）。关系运算符与运算对象组成关系表达式；逻辑运算符与运算对象组成逻辑表达式。选择结构中的条件表达式通常用关系表达式与逻辑表达式来描述。

本章需要掌握的重点是使用 if 语句和 switch 语句来实现选择结构。

1. 关系运算与逻辑运算

在关系运算与逻辑运算中，需要特别注意以下几点：

（1）关系运算的"=="容易误写成"="，变成赋值运算。

（2）关系表达式不能连着写，应该拆开成多个关系表达式，然后用逻辑运算符来连接。例如，"0<=a<=10"是错误的表达式，应改成"a<=0 && a<=10"。

（3）运算符 && 左边的运算对象为 0 时，右边的运算对象不会被计算。

（4）运算符 || 左边的运算对象为 1 时，右边的运算对象不会被计算。

2. if 语句的四种基本形式

（1）单分支 if 语句。

（2）双分支 if 语句。

（3）多分支 if 语句。

（4）if 语句的嵌套。

3. if 语句的注意事项

（1）if 语句中的条件表达式必须用（）括起来，如果条件比较多，应该尽量多嵌套一些

( ),让各条件的关系更清晰。条件表达式通常是逻辑表达式或关系表达式,也可以是赋值表达式、变量或常量,只要表达式的值为非 0,即为"真"。例如,在语句"if(a=5)"中,条件表达式为赋值表达式,值为非 0,所以 if 子句会被执行。

(2) if 和 else 的子句可以是空语句、单条语句或多条语句,若为多条语句,则必须加上大括号{ }。为了避免匹配错误,建议在子句的最外层一律加上大括号。

(3) 在 if 语句的嵌套中,会出现多个 if 和多个 else 重叠的情况,要注意 else 总是与它前面最近的且尚未匹配的 if 配对。

4. switch 语句的注意事项

使用 switch 语句时,要注意关键字 case 后面的常量表达式的值只能是整型或字符型,而且 case 后面必须有一个空格。在 switch 语句中,每个分支语句的结尾要使用 break 语句才能跳出,否则执行其后的所有的分支语句。default 行不是必需的,当没有 default 行时,如果所有分支都不满足,将不会执行任何语句。

习 题

1. 用 C 语言描述下列命题

(1) a 大于 b 并且 a 大于 c _____。

(2) a 的取值范围为[100,200]_____。

(3) 整型变量 s1 为偶数_____。

(4) 字符型变量 ch 为空字符_____。

2. 阅读下列程序,写出程序的运行结果

(1) 若从键盘输入"3"和"4",则以下程序的运行结果是_____。

```c
#include<stdio.h>
void main()
{
    int a,b,s;
    scanf("%d%d",&a,&b);
    s=a;
    if(a<b)
    s=b;
    s*=s;
    printf("%d",s);
}
```

(2) 以下程序的运行结果是_____。

```c
#include<stdio.h>
void main()
{
```

```
    int x=1,y=1;
    if(!x)y++;
    else if(x==0)
    if(x)y+=2;
    else y+=3;
    printf("%d\n",y);
}
```

(3) 以下程序的运行结果是_____。

```
#include<stdio.h>
void main()
{
 int a=2,b=7,c=5;
 switch(a>0)
 {
 case 1:switch(b<0)
        {
         case 1:printf("@"); break;
         case 2: printf("!"); break;
        }
 case 0: switch(c==5)
        {
         case 0:printf("*"); break;
         case 1:printf("#"); break;
         case 2:printf("$"); break;
        }
 default:printf("&");
 }
 printf("\n");
}
```

3. 补充下列程序

（1）以下程序判断输入的三条边长能否构成三角形，并进一步判断能否构成直角三角形。请填空实现程序功能。

```
#include<stdio.h>
void main()
{
    double a,b,c;
    printf("请输入三角形的三条边长:");
    scanf("_____",&a,&b,&c);
    if(_____)
    if(_____)printf("能构成直角三角形\n");
    else printf("能构成非直角三角形\n");
    else printf("不能构成三角形\n");
}
```

（2）以下程序判断输入一个字符是字母、数字还是特殊字符。请填空实现程序功能。

```
#include <stdio.h>
void main()
{
    char c;
    printf("please enter a character: ");
    c = getchar();
    if(_____)printf("is a number \n");
    else if(_____)printf("is a letter \n");
    _____ printf("is a special character \n");
}
```

（3）以下程序用 switch 语句来设计一个投票表决器，其功能是：输入"Y"或"y"，表示同意，输出"agree"；输入"N"或"n"，表示不同意，输出"disagree"；输入其他，表示弃权，输出"abstain"。请填空实现程序功能。

```
#include <stdio.h>
void main()
{
    char c;
    scanf("%c",&c);
    switch(c)
    {
        _____ printf("agree\n"); break;
        _____ printf("disagree\n"); break;
        _____ printf("abstain\n");
    }
}
```

4. 编写下列程序

（1）运费问题。计算运送物品的费用，运费按 50kg 内 2 元/kg，超过部分按 1.5 元/kg 计算。编写程序，输入重量，输出应付运费。运行结果示例如图 4-8 所示。

(a) (b) (c)

图 4-8 "运费问题"运行结果示例

(a) 输入 50 以内时的运行结果示例；(b) 输入 50 以上时的运行结果示例；(c) 输入出错时的运行结果示例

（2）逆序输出。编写程序，输入一个不多于 3 位的正整数，求出它是几位数，并逆序输出各位数字。例如，输入"123"，输出该数为"3"位数，逆序为"321"。运行结果示例如图 4-9 所示。

(a) (b)

图 4-9 "逆序输出"运行结果示例

(a) 输入"123"时的运行结果示例；(b) 输入出错时的运行结果示例

(3) 会员消费计算。某商场促销期间，顾客购物时可享受的优惠有 4 种情况：普通顾客一次购物累计少于 100 元，不打折；普通顾客一次购物累计多于或等于 100 元，打 9.5 折；会员顾客一次购物累计少于 1 000 元，打 8.5 折；会员顾客一次购物累计等于或多于 1 000元，打 8 折。编写程序，输入顾客类别代码（1 为普通顾客，2 为会员顾客）与消费金额，输出折扣金额和实付款。运行结果示例如图 4-10 所示。

图 4-10 "会员消费计算"运行结果示例

（a）输入有效值时的运行结果示例；（b）输入无效值时的运行结果示例

(4) 打靶游戏。一个靶实际上是在同一平面上的不同半径的同心圆，若 10 环区域（最内圈）的半径为 4（即该平面上的圆的方程为 $x^2+y^2=4^2$），环距为 2，则 9 环区域的半径为 6，8 环区域的半径为 8，依次类推到 6 环，6 环以外就算脱靶。编写程序，若靶的圆心为原点 (0,0)，输入射击点的位置 (x,y)，输出环数（压线算高环）。运行结果示例如图 4-11 所示。

图 4-11 "打靶游戏"运行结果示例

（a）靶内时的运行结果示例；（b）脱靶时的运行结果示例

(5) 字母分组。设有 20 个人要进行分组，分成 A、B、C、D 四组，按顺序将人轮流分配。例如，第 1 个人分到 A 组，第 2 个人分到 B 组，第 3 个人分到 C 组，第 4 个人分到 D 组，然后第 5 个人分到 A 组，第 6 个人分到 B 组，依次类推。用 switch 语句编写程序，输入序号，输出分组。运行结果示例如图 4-12 所示。

图 4-12 "字母分组"运行结果示例

（a）输入正确序号时的运行结果示例；（b）输入错误序号时的运行结果示例

第 5 章

循环结构程序设计

循环结构是程序设计结构中一种很重要的结构。其特点是：在给定条件成立时，反复执行某程序段，直到条件不成立为止。循环结构经常用于解决迭代类或遍历类问题，对于迭代类问题，通过不断地重复反馈活动，逼近所需的目标或结果；对于遍历类问题，则在给定的范围内逐个试探，直到找到满足条件的解。尽管这样的问题在逻辑上并不复杂，但如果用顺序结构来处理，将是一个非常冗长且乏味的过程。而利用循环结构来描述重复执行的某段算法，就可以减少源程序重复书写的工作量，这是程序设计中最能发挥计算机特长的程序结构。因此，循环结构在程序设计中具有另外两种结构不可替代的作用。

5.1 知识梳理

一般来说，循环结构应具备三个要素：循环变量、循环体和循环终止条件。循环变量应有初始值，并逐渐向终止值变化；循环体则是该结构中被反复执行的程序段；循环终止条件则用于判定循环是继续还是结束。在 C 语言中，有 3 种语句来实现循环，分别为 while 语句、do…while 语句、for 语句。同时，C 语言还提供了 break 和 continue 两种辅助语句来控制循环。

5.1.1 while 语句

由 while 语句构成的循环也称为当循环。
while 语句的格式：

> while(条件表达式)循环体

其中，条件表达式通常由关系表达式与逻辑表达式组成，其值为逻辑值；循环体可以是一条语句，也可以是多条语句组成的复合语句。

执行 while 语句时，先计算条件表达式的值，当值为真时执行循环体，当值为假时循环结束;如果执行完循环体语句,则返回条件表达式,再次计算条件表达式的值,根据该值来判断循环是继续还是结束。while 语句的执行流程如图 5-1 所示。

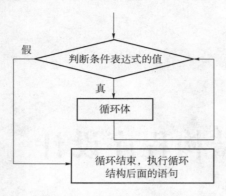

图 5-1 while 语句的执行流程

5.1.2 do…while 语句

由 do…while 语句构成的循环也称为直到型循环。

do…while 语句的格式:

```
do 循环体
while(条件表达式);
```

执行 do…while 语句时,先执行循环体中的语句,再计算条件表达式的值。当值为真时,继续循环;当值为假时,循环结束。do…while 语句的执行流程如图 5-2 所示。

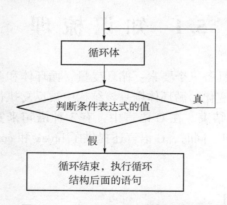

图 5-2 do…while 语句的执行流程

5.1.3 for 语句

for 语句是循环结构中应用得最广泛的一种循环结构。

for 语句的格式:

```
for(表达式1;表达式2;表达式3)循环体
```

执行 for 语句时,先计算表达式 1 的值,再计算表达式 2 的值。当表达式 2 的值为真时,执行循环体,计算表达式 3,继续循环;当表达式 2 的值为假时,循环结束。for 语句的执行流程如图 5-3 所示。

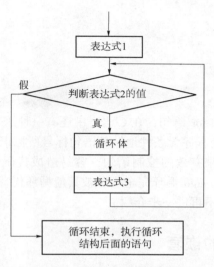

图 5-3　for 语句的执行流程

5.1.4　break 和 continue 语句

1. break 语句

break 语句的格式:

```
break;
```

第 4 章已经讨论过 break 语句,它可以运用在 switch 语句中,作用是跳出 switch 语句,执行 switch 语句后面的代码。

break 语句也可以运用在循环结构中,作用是跳出本层循环,提前结束本层循环。

2. continue 语句

continue 语句的格式:

```
continue;
```

continue 语句运用在循环结构中,作用是结束本次循环,即跳过本次循环体中余下尚未执行的语句,进行下一次循环的条件判定。在三种循环语句中使用 continue 语句的执行过程略有不同。对比如下:

1) while 语句与 do…while 语句

在 while 语句与 do…while 语句的循环体中,当执行 continue 语句后,直接跳到循环条件的判定。

2) for 语句

在 for 语句的循环体中,当执行 continue 语句后,跳过本次循环体中余下尚未执行的语句,直接计算表达式 3 的值,然后进行循环条件的判定。

5.1.5 goto 语句

goto 语句的格式:

`goto 语句标号;`

除了 while、do…while 和 for 语句,在 C 语言中还有一种语句也能构成循环,它就是 goto 语句。goto 语句的功能是使程序无条件地转到语句标号所标识的语句处继续执行。若大量使用 goto 语句,就会打乱原来有效的控制语句,容易造成代码混乱,导致代码维护和阅读困难,因此不被推荐。此外,goto 循环完全可以被其他循环代替,后来的很多编程语言都取消了 goto 语句,本书对其就不再进一步介绍。

5.1.6 循环结构的嵌套

一个循环体内包含另一个完整的循环结构,称为循环的嵌套。三种循环语句可以相互嵌套。

表 5-1 列出了常用的循环嵌套结构。

表 5-1 常用的循环嵌套结构

常用结构一	常用结构二	常用结构三	常用结构四	常用结构五
for() { … for() {…} … }	for() { … while() {…} … }	while() { … while() {…} … }	while() { … for() {…} … }	do { … for() {…} … }while();

5.2 典型案例

5.2.1 案例1:使用流程图描述算法

1. 案例描述

请在屏幕上输出"**********",并且连续输出 10 行。请用一个流程图来描述以上问题。

2. 案例分析

以上问题可以通过 10 条输出语句实现。代码如下：

```c
#include<stdio.h>
main()
{
    printf("**********");
    printf("**********");
    printf("**********");
    printf("**********");
    printf("**********");
    printf("**********");
    printf("**********");
    printf("**********");
    printf("**********");
    printf("**********");
}
```

这个问题虽然看起来简单，但是若增加输出规模（如需要输出成千上万行），那么仅依靠顺序输出语句显然是不合适的。C 语言中的循环结构，是根据条件表达式来控制重复执行程序段的一种结构。通过循环结构就可以解决以上重复执行的问题。该循环结构的执行过程用流程图表示如图 5 - 4 所示。

实现循环结构的语句有 while 语句、do…while 语句与 for 语句。

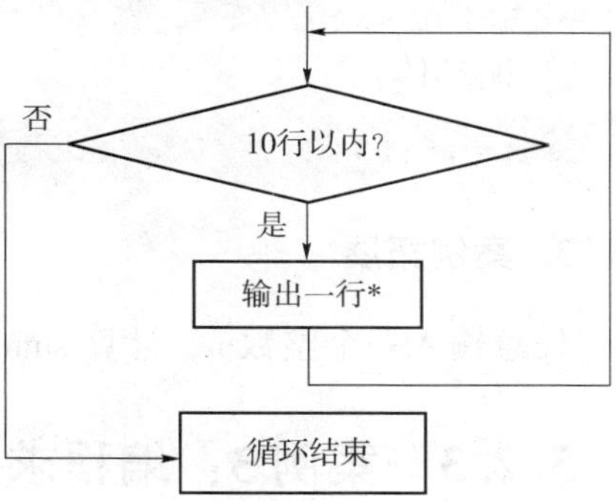

图 5 - 4 流程图完成效果

3. 案例拓展

根据图 5 - 4，利用 while 语句，对以上的代码进行改进，实现输出 10 行一样的字符串。

5.2.2 案例 2：编程求 1~100 的累加和

1. 案例描述

计算下列公式：

$$sum = 1 + 2 + 3 + 4 + \cdots + 100$$

输出 sum 的值。运行结果示例如图 5 - 5 所示。

2. 案例分析

（1）该案例是求 100 个数累加和的问题，需重复执行加法运算 100 次，故可以用循环语句实现。

图 5-5 案例 2 运行结果示例

（2）写循环语句时，需要考虑循环三要素：
① 循环变量的初值。
② 循环条件（通常以循环变量为基础）。
③ 循环体（包含循环变量的增量向循环终止条件变化）。
（3）定义一个变量 sum 来保存数列和。在这里，sum 被称为累加器，累加器在使用前通常清 0，即 sum = 0。
（4）该数列的加法过程是有规律的：第一个加数为 1，后一个加数比前一个加数增 1，依次类推，最后一个加数为 100。在循环过程中，三要素如下：
① 循环变量的初值：

```
i = 1        //循环变量 i 既可以表示循环次数，又可以表示加数。第一个加数为 1，故 i 的初值为 1
```

② 循环条件：

```
i <= 100     //最后一个加数为 100，故 i 为 101 时循环终止，即 i <= 100 时循环进行
```

③ 循环体：

```
{sum += i; i ++;}     //循环体进行加法运算:sum += i,每循环一次,加数增 1,故 i ++
```

3. 案例拓展

任意输入一个整数 n，计算 sum = 1 + 2 + 3 + 4 + ⋯ + n，输出 sum 的值。

5.2.3 案例 3：编程求 $1^2 \sim n^2$ 的累加和

1. 案例描述

计算下列公式：

$$sum = 1^2 + 2^2 + 3^2 + \cdots + n^2$$

直到累加和 sum 大于或等于 10 000 为止，输出此时的 n 与 sum 的值。运行结果示例如图 5-6 所示。

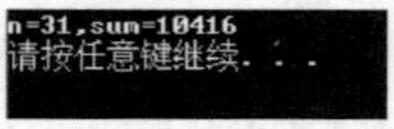

图 5-6 案例 3 运行结果示例

2. 案例分析

（1）该案例与案例 2 的问题有相同之处，需重复执行加法运算 n 次，故也可以用循环

语句实现累加的过程。

（2）该案例与案例 2 的不同之处在于，最后一个加数未知，且要求在 sum 大于或等于 10 000 时加法停止，即 sum < 10000 时，循环进行。

（3）定义累加器变量 sum，将 sum 清 0：sum = 0。

（4）该循环过程中三要素：

① 循环变量的初值：

```
n = 1   //循环变量 n 既可表示循环次数,又可表示平方数的底,第一个平方数的底为1,故初值为1
```

② 循环条件：

```
sum < 10000
```

③ 循环体：

```
{sum += n * n;n ++;}
```

⚠ **注意**：

在案例 2 中，循环变量 i = 101 时，循环终止，所以最后一个加数是 100，即循环结束时最后一个加数为 i – 1。与案例 2 一样，在案例 3 中，循环结束输出最后一项的平方数的底的值为 n – 1。

5.2.4 案例 4：编程求 π 的近似值

1. 案例描述

利用公式 $\frac{\pi}{4} = 1 - \frac{1}{3} + \frac{1}{5} - \frac{1}{7} + \frac{1}{9} - \cdots$，求 π 的近似值，直到最后一项的绝对值小于 10^{-6} 为止。运行结果示例如图 5 – 7 所示。

图 5 – 7　案例 4 运行结果示例

2. 案例分析

（1）该案例也是求累加和的问题，故可以用循环语句实现。

（2）在该数列加法过程中，加数的分子均为 1，分母均为奇数，但奇偶项符号不同，加数较为复杂。通常，较为复杂的加数分解为符号、分子和分母三部分。该圆周率问题中加数的表示如下：

① 将加数定义为 t，初值为 1，循环体中加法运算：sum += t。

② 将加数的分母定义为 n，初值为 1，循环体中分母的变化：n = n + 2。

③ 将加数的符号定义为 s（正号用 1 表示，负号用 – 1 表示），初值为 1，表达式 s = – s 或者 s *= – 1 可以用来表示奇偶项的符号。

④ 加数 t = s/n。
(3) 定义累加器 sum，将累加器清 0，sum = 0。
(4) 该循环过程中三要素：
① 该循环过程用到的变量较多，初值：

t = 1;n = 1;s = 1

② 循环条件：

fabs(t) >= 1e - 6   //最后一项的绝对值小于 10^{-6} 时，循环结束，即大于等于 10^{-6} 时，循环进行

③ 循环体：

{sum += t;n += 2;s = -s;t = s/n;}

⚠ **注意：**

在循环体中，有语句"t = s/n;"，为了保证 s/n 为实数，可以定义 s、n 为实数，或者使用强制类型转换，将 s、n 转换成实数，也可以将语句改为 t = s * 1.0/n。

5.2.5 案例 5：编程实现固定行的输出

1. 案例描述

在屏幕上输出"**********"，连续输出 10 行，并且要求在每行前显示行数。运行结果示例如图 5-8 所示。

图 5-8 案例 5 运行结果示例

2. 案例分析

(1) 该案例是输出多行类似内容的问题，需重复执行输出 10 次，故可以用循环语句实现。

(2) 循环结构的 for 语句善于处理有明确循环次数的循环问题。该案例重复执行 10 次，故使用 for 语句实现循环结构比较合适。

(3) for 语句格式：

for(表达式 1;表达式 2;表达式 3)循环体

其中，三个表达式通常的作用如下：

① 表达式1：循环变量的初值。
② 表达式2：循环条件（通常以表示循环变量的初值向终值变化的条件表达式作为循环条件）。
③ 表达式3：循环变量的增量（在 while 语句中，此部分写在循环体内）。
（4）很明显，在该案例中，循环执行了10次，因此定义循环变量 i，初值为1，终值为10。for 语句中的三个表达式如下：
① 表达式1：i=1。
② 表达式2：i<=10（该条件表示循环变量在终值之内）。
③ 表达式3：i++（初值为1，终值为10，增量为1，向着终值靠近）。
（5）循环体：执行重复部分输出"**********"的语句为"printf("**********");"。另外，该案例要求在每行的 * 前显示行数，第1行显示1，第2行显示2，依次类推，第 i 行显示 i，则只要在 * 前输出循环变量 i 即可，因此输出语句为"printf（"%d **********"，i）;"。

5.2.6 案例6：编程求1~10累积

1. 案例描述

计算下列公式：

$$t = 1 \times 2 \times 3 \times 4 \times \cdots \times 10$$

输出 t 的值。运行结果示例如图5-9所示。

图5-9 案例6运行结果示例

2. 案例分析

（1）该案例属于累积问题，与累加问题一样，可以用循环语句实现。
（2）定义变量 t 来保存数列积。在这里，t 被称为累积，累积在使用前通常清1，即 t=1。
（3）该案例重复执行乘法运算10次，有明确的循环次数，可选择使用 for 语句实现循环结构。
（4）for 语句中的三个表达式内容如下：
① 表达式1：i=1。
② 表达式2：i<=10。
③ 表达式3：i++。
（5）循环体。循环体进行乘法运算：t*=i。
累加与累积算法通常通过循环结构实现，有固定循环次数的用 for 语句，次数不固定的用 while 语句。累加与累积算法的实现过程不同点归纳如表5-2所示。

表 5-2 累加/累积算法的不同点归纳

功能	累加	累积	说明
初始化 s	s = 0	s = 1	s 代表累加和/累积
运算一般形式	s += a	s *= a	a 代表累加项/累积项

5.2.7 案例 7：编程求 1~10 000 奇数的累加和

1. 案例描述

计算下列公式：

$$sum = 1 + 3 + 5 + \cdots + 9\ 999$$

输出 sum 的值。运行结果示例如图 5-10 所示。

图 5-10 案例 7 运行结果示例

2. 案例分析

实现该案例的方法有很多，既可以循环 10 000 次（循环体中通过 if 语句判断奇数项），也可以只循环奇数项 5 000 次。由于循环次数明确，因此可以通过 for 语句实现。

（1）方法一：

```
#include<stdio.h>
main()
{
    int i,sum=0;
    for(i=1;i<=10000;i++)
        if(i%2!=0)
            sum=sum+i;
    printf("sum=%d\n",sum);
}
```

（2）方法二：

```
#include<stdio.h>
main()
{
    int i,sum=0;
    for(i=1;i<=10000;i+=2)
        sum=sum+i;
    printf("sum=%d\n",sum);
}
```

方法一的循环次数为 10 000，每次都判断 i 是否为奇数，只有 i 为奇数时才进行累加运算，判断奇数的条件为 i%2!=0。方法二的循环次数为 5 000 次，奇数项只有 5 000 项，i 的初值为 1，i 的增量为 2，i 可以表示 1、3、5、7、…、9 999 的所有奇数项。

5.2.8　案例 8：编程求斐波那契数列项

1. 案例描述

计算斐波那契数列，直到某项大于 1 000 为止，并输出该项的值。运行结果示例如图 5-11 所示。

图 5-11　案例 8 运行结果示例

2. 案例分析

斐波那契数列：0、1、1、2、3、5、8、…。从第 3 项起，每一项均为前两项的和。这是一种迭代的问题，迭代问题通常也是通过循环结构实现的。该案例没有明确求哪一项，循环次数不明确，显然用 while 语句实现比较合适。循环结构中的 do…while 语句也适合运用于循环次数不固定的循环问题。

斐波那契数列迭代求解过程：设当前项为 f，前第一项为 f1，前第二项为 f2。首先根据 f1、f2 的和推出 f，再将 f2 作为前第一项，f 作为前第二项，推出新的 f，依次类推，前三次迭代如图 5-12 所示：

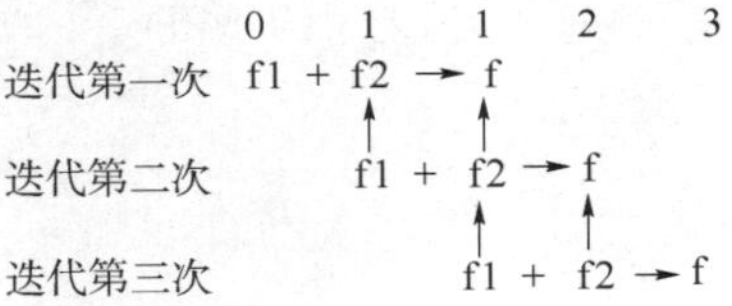

斐波那契数列迭代初值：f1=0，f2=1。

迭代公式：{f=f1+f2;f1=f2;f2=f;}。

图 5-12　斐波那契数列迭代

某项 f 大于 1 000 时，循环终止，因此循环条件为 f<=1 000。

5.2.9　案例 9：编程实现一行字符的输入输出

1. 案例描述

从键盘输入一行字符（按回车键表示结束），然后输出该行字符，并将其中的所有小写字母转换成大写字母后输出。运行结果示例如图 5-13 所示。

图 5-13　案例 9 运行结果示例

2. 案例分析

(1) 定义字符变量 ch，输入单个字符语句为"ch = getchar( );"，输入多个字符（一行字符）可用循环结构实现。由于输入字符个数不固定，因此使用 while 语句与 do…while 语句实现循环结构较为合适。

(2) 循环条件：本案例输入一行字符以回车键结束，即"ch = '\n'"时循环终止，则"ch! = '\n'"时循环进行，故循环条件为"ch! = '\n'"。

(3) 在判断循环条件之前，ch 至少要输入一个字符。在 do…while 语句构成的循环中，总是先执行一次循环体，再判断循环条件，因此该案例建议使用 do…while 语句来实现循环结构。

(4) 该案例也可以使用 while 语句，但在进入循环之前要输入一个字符。代码如下：

```c
#include<stdio.h>
main()
{
    char ch;
    printf("请输入一行字符(回车结束):\n");
    ch=getchar();//①
    while(ch!='\n')
    {
        if(ch>='a'&&ch<='z')ch=ch-32;
        putchar(ch);
        ch=getchar();//②
    }
    putchar('\n');
}
```

在以上代码中，①、②处的代码在执行循环流程中均要经过循环条件的判断，因此可以对代码进行改进，主要的改进代码在以下代码的③处：

```c
#include<stdio.h>
#include<stdlib.h>
main()
{
    char ch;
    printf("请输入一行字符(回车结束):\n");
    while((ch=getchar())!='\n')//③
    {
        if(ch>='a'&&ch<='z')ch=ch-32;
        putchar(ch);
    }
    putchar('\n');
    system("pause");
}
```

5.2.10 案例10：编程实现矩阵的输出

1. 案例描述

用循环嵌套方式输出以下矩阵：

$$\begin{bmatrix} 1 & 2 & 3 & 4 & 5 & 6 & 7 & 8 & 9 & 10 \\ 1 & 2 & 3 & 4 & 5 & 6 & 7 & 8 & 9 & 10 \\ 1 & 2 & 3 & 4 & 5 & 6 & 7 & 8 & 9 & 10 \\ 1 & 2 & 3 & 4 & 5 & 6 & 7 & 8 & 9 & 10 \end{bmatrix}$$

运行结果示例如图 5-14 所示。

图 5-14 案例 10 运行结果示例

2. 案例分析

输出矩阵通常用循环嵌套的方法实现，外循环控制行，内循环控制列。内外循环要定义不同的循环变量。该矩阵的行数和列数均固定，因此使用 for 语句实现循环嵌套较合适。

本案例中的矩阵的行数为 4、列数为 10。

外循环：循环变量 i 的初值为 1，终值为 4，每循环一次，循环变量增 1。

内循环：循环变量 j 的初值为 1，终值为 10，每循环一次，循环变量增 1。

其中，内循环的循环变量 j 既可以表示内循环的次数，又可以表示每列要输出的值，故内循环的循环体为 "printf("%4d",j);"。

⚠ **注意：**

(1) 内循环结束时，要输出一个换行符，保证在屏幕上输出的矩阵是分行的。

(2) 循环变量初值与终值在保证循环次数的前提下，取值是灵活的。例如，循环次数为 4，初值为 1，终值为 4，也可以初值为 0，终值为 3。但是，有时候以便于问题的求解来决定取值。例如，在本案例的内循环部分，矩阵每行 10 列的元素为 1~10，故循环变量取初值为 1、终值为 10 比较合理，这样就可以用循环变量来表示矩阵的元素。

5.2.11 案例11：编程实现图形的输出

1. 案例描述

用循环嵌套的方式输出如下由 * 号组成的三角图形：

```
      * * * * * * *
       * * * * *
        * * *
         *
```

运行结果示例如图 5-15 所示。

图 5-15 案例 11 运行结果示例

2. 案例分析

将案例中输出的三角形图案每行前面的空格补齐（图 5-16），这个图形相当于输出 4 行，每行输出两种符号，先是空格，再是 * 号（为了更好说明问题，暂用 ★ 号代替 * 号，用 □ 代替空格）。外循环控制行，定义循环变量 i，其初值为 0，终值为 3。

```
★★★★★★★
□★★★★★
□□★★★
□□□★
```

图 5-16 案例 11 分析（1）

可以把该图形看成如图 5-17 所示的两个图形的组合：图形 1 + 图形 2。

```
（空）         ★★★★★★★
 □            ★★★★★
 □□           ★★★
 □□□          ★
 (a)          (b)
```

图 5-17 案例 11 分析（2）
（a）图形 1；（b）图形 2

图形 1 为用空格填充的直角三角形（第一行为空），图形 2 为用 ★ 号填充的倒直角三角形。分别用两个内循环实现这两个图形的输出：第一个内循环实现输出图形 1，定义循环变量 k，其初值为 1，终值为 i（每行的空格数与行号相同）；第二个内循环实现输出图形 2，定义循环变量 j，其初值为 1，终值为 7-2×i。

5.2.12 案例 12：编程输出 2~100 的素数

1. 案例描述

找出 2~100 的所有素数（质数），并输出找到的素数。运行结果示例如图 5-18 所示。

```
2,3,5,7,11,13,17,19,23,29,31,37,41,43,47,53,59,61,67,71,73,79,83,89,97,
请按任意键继续...
```

图 5-18 案例 12 运行结果示例

2. 案例分析

该案例用循环嵌套实现。

（1）外循环：实现遍历，在 2~100 进行遍历，定义循环变量 i，初值为 2，终值为 100。

（2）内循环：实现判断 i 是否为素数。根据素数的性质，如果一个数只能被 1 和它本身整除，则这个数是素数。反之，如果一个整数 i 能被 2 到 i-1 之间的某个数整除，则这个数 i 就不是素数。素数与不是素数的两种状态通常可以用一个变量表示。例如，tag = 0 表示素数，tag = 1 表示不是素数。

代码如下：

```
#include<stdio.h>
main()
{
    int k,i,tag;
    for(i=2;i<=100;i++)//①
    {
        tag=0;
        for(k=2;k<=i-1;k++)//②
            if(i%k==0)tag=1;//③
        if(tag==0)
            printf("%d,",i);
    }
    putchar('\n');
}
```

为了减少循环次数，提高程序执行的效果，还可以对程序进行改进：

①处：除了 2，其他偶数肯定不是素数，因而外循环找奇数即可：

```
for(i=3;i<=100;i+=2)
```

②处：内循环只需判断 i 能否被 $2\sim\sqrt{i}$ 的整数整除：

```
for(k=2;k<sqrt(i);k++)
```

③处：若 if(i%k==0) 条件成立，则 tag = 1，说明 i 不是素数，就没有必要继续循环；只有 tag = 0 时，才进行循环，故继续对②处进行改进：

```
for(k=2;tag==0&&k<sqrt(i);k++)
```

对以上三处进行改进以后的代码如下：

```
#include<stdio.h>
#include<math.h>
main()
{
    int k,i,tag;
    printf("2,");
    for(i=3;i<=100;i+=2)
```

```
    tag=0;
    for(k=2;tag==0&&k<sqrt((double)i);k++)
        if(i%k==0)tag=1;
    if(tag==0)printf("%d,",i);
    }
    putchar('\n');
}
```

5.3 本章小结

在本章的学习中，首先要掌握使用 while 语句、do…while 语句和 for 语句来实现循环结构程序设计；其次，要学会使用 break 语句和 continue 语句来改变程序的执行流程，让程序直接跳出循环或进入下一次循环。

1. while 语句

while 语句的一般格式如下：

while(条件表达式)循环体

执行 while 语句时，先计算条件表达式的值，当值为真时，执行循环体语句。注意：在条件表达式的最外层小括号后面不能添加分号，否则就失去了对循环体语句的控制。

2. do…while 语句

do…while 语句又称为直到型循环语句。它的一般格式如下：

do 循环体
while(条件表达式);

执行 do…while 语句时，先执行循环体，再计算条件表达式的值。

do…while 语句与 while 语句的区别：do…while 语句先执行循环体中的语句，再计算条件表达式的值，条件为真时继续循环，条件为假则终止循环。因此，do…while 语句至少要执行一次循环。

3. for 语句

for 语句的一般格式如下：

for(表达式1;表达式2;表达式3)循环体

for 循环语句根据循环变量的初值、增量以及循环条件来进行循环的控制。表达式 1 一般对循环变量赋初值。表达式 2 是一个关系表达式，用来控制什么时候终止循环，如果省略该表达式，就容易造成死循环。表达式 3 对循环变量进行递增或者递减操作。

4. 三种循环语句的区别

（1）for 语句可以在表达式 1 中实现循环变量的初始化，而使用 while 语句和 do…while

语句时，循环变量初始化的操作应在 while 语句和 do…while 语句之前完成。

（2）for 语句可以通过表达式 3 来控制循环变量的变化，而使用 while 语句和 do…while 语句时，必须在循环体中对循环变量进行控制，使循环能够趋于终止。

（3）通常，如果循环次数已知，就采用 for 循环语句；如果循环条件在进入循环前是明确的，就采用 while 语句；如果循环条件需要在循环体中明确，则采用 do…while 语句。for 语句是最常用的循环语句，结构清晰且功能强大，可以代替其他循环。

5. break 语句与 continue 语句的区别

（1）break 语句可以使程序终止循环而执行循环体后面的语句，不再判断执行循环的条件是否成立。break 语句通常与 if 语句结合使用，在满足条件时才跳出循环。注意：在多层循环嵌套中，一个 break 语句只向外跳一层。

（2）continue 语句的作用是跳过本次循环体中的剩余语句而强行执行下一次循环，并不终止整个循环的执行。continue 语句也通常与 if 语句一起使用，用于加速循环。

6. 循环嵌套结构的注意事项

循环嵌套的特点是在一个循环体内包含另一个完整的循环语句。三种循环语句都可以互相嵌套，循环嵌套可以多层，但是每一层循环的结构必须完整。在循环变量方面，循环嵌套结构应注意在不同层次的循环对循环变量的赋值造成的相互影响；在代码书写方面，循环嵌套结构应注意大括号必须成对，不同层次的循环体语句要有缩进。

习 题

1. 阅读下列程序，写出程序的运行结果

（1）以下程序的运行结果是_____。

```
#include<stdio.h>
void main()
{   int n=12345,d;
    while(n!=0)
    {   d=n%10;
        printf("%d",d);
        n/=10;
    }
}
```

（2）以下程序的运行结果是_____。

```
#include<stdio.h>
void main()
{   int i=5;
    do
    {   if(i%3==1)
```

```
            if(i%5==2)
            {   printf(" * %d",i);
                break;
            }
            i++;
    }while(i!=0);
    printf("\n");
}
```

(3) 若输入"12"和"8",则以下程序的运行结果是_____。

```
#include<stdio.h>
void main()
{   int a,b,num1,num2,temp;
    scanf("%d%d",&num1,&num2);
    if(num1>num2)
    {   temp=num1;
        num1=num2;
        num2=temp;
    }
    a=num1,b=num2;
    while(b!=0)
    {   temp=a%b;
        a=b;
        b=temp;
    }
    printf("%d,%d\n",a,num1*num2/a);
}
```

(4) 以下程序的运行结果是_____。

```
#include<stdio.h>
void main()
{   int i,j,m=1;
    for(i=1;i<3;i++)
    {   for(j=3;j>0;j--)
        {   if(i*j>3)break;
            m*=i*j;
        }
    }
    printf("m=%d\n",m);
}
```

2. 补充下列程序

(1) 以下程序将找出输入的 n 个整数中的最小值。请填空实现程序功能。

```
#include<stdio.h>
void main()
{   int n,i,number,min;
    scanf("%d",&n);
    printf("请输入%d个整数:\n",n);
    for(i=1;_____;i++)
    {   scanf("%d",&number);
        if(i==1)_____;
        if(_____)   min=number;
    }
    printf("最小值为%d\n",min);
}
```

(2) 以下程序根据公式 $e = 1 + \frac{1}{1!} + \frac{1}{2!} + \frac{1}{3!} + \frac{1}{4!} + \cdots$，求出 e 的值，要求精度达到 10^{-6}，即最后一项的值不超过 10^{-6}。请填空实现程序功能。

```
#include<stdio.h>
#include<math.h>
void main()
{   int s;
    double n,t,exp;
    t=1.0;
    exp=0;
    n=1.0;
    s=1;
    while(fabs(t)_____)
    {   exp=_____;
        n*=s;
        _____;
        s++;
    }
    printf("exp=%f\n",exp);
}
```

(3) 以下程序用来输出鸡兔同笼问题的解。鸡兔同笼问题是经典的中国古代数学问题，源自《孙子算经》：今有雉兔同笼，上有三十五头，下有九十四足，问雉兔各几何。请填空实现程序功能。

```
#include<stdio.h>
main()
{
    int a,b;
    for(a=0;_____;a++)
        for(b=0;_____;b++)
            if(_____)
                printf("鸡%d只,兔%d只\n",a,b);
}
```

(4) 以下程序将一个正整数分解质因数。每个非素数（合数）都可以写成几个素数（也可称为质数）相乘的形式，这几个素数都称为这个合数的质因数。例如，6 可以分解为 2×3，而 24 可以分解为 2×2×2×3。请填空实现程序功能。

```
#include<stdio.h>
void main()
{
    int n,i;
    printf("输入一个整数:");
    scanf("%d",&n);
    printf("%d = ",n);
    for(i=2;i<=n;i++)
        {   while(_____)
            {   if(n%i==0)
                {   printf("%d*",_____);
                    n=n/i;
                }
                else _____;
            }
        }
    printf("%d\n",n);
}
```

3. 编写下列程序

(1) 猜数字游戏。随机产生一个 100 以内的非负整数，让玩家对其进行猜测。若猜中，则提示 "Bingo!"。玩家有五次机会，程序会根据玩家输入的数提示是大了 "Too big!" 还是小了 "Too small!"，若在五次以内猜中，则提示 "You win!"；若五次均未猜中，则提示 "GAME OVER!"。运行结果示例如图 5-19 所示。

图 5-19 "猜数字游戏" 运行结果示例
(a) 猜数成功时的运行结果示例；(b) 猜数失败时的运行结果示例

(2) 用户名问题。编写程序，输入一串字符作为用户名，合法的用户名长度为 6~16 位字符，只能是字母和数字的组合，且不能含有其他字符。若用户名非法，则提示 "非法用户名!"；若用户名合法，则提示 "合法用户名!"。运行结果示例如图 5-20 所示。

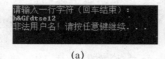 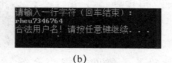

(a)　　　　　　　　　　　　　(b)

图 5-20　"用户名问题"运行结果示例

(a)用户名非法时的运行结果示例；(b)用户名合法时的运行结果示例

（3）棋盘麦粒问题。在印度有一个古老的传说，舍罕王打算奖赏国际象棋的发明人——宰相西萨·班·达依尔。国王问他想要什么，他对国王说："陛下，请您在这张棋盘的第 1 个小格里，赏给我 1 粒麦子，在第 2 个小格里给 2 粒，在第 3 个小格里给 4 粒，以后每一小格都比前一小格加一倍。请您把这样摆满棋盘上的所有 64 格的麦粒，都赏给您的仆人吧！"国王觉得这要求太容易满足了，就命令给他这些麦粒。当人们把一袋一袋的麦子搬来开始计数时，国王才发现：就是把全印度甚至全世界的麦粒全拿来，也满足不了宰相的要求。那么，宰相要求得到的麦粒到底有多少呢？假设 1 kg 麦粒大约有 76 852 粒，编写程序，以指数形式输出麦粒的总吨数。运行结果示例如图 5-21 所示。

图 5-21　"棋盘麦粒问题"运行结果示例

（4）求正弦函数。用泰勒级数计算正弦函数的公式：

$$\sin x = x - \frac{x^3}{3!} + \frac{x^5}{5!} - \frac{x^7}{7!} + \frac{x^9}{9!} - \cdots$$

要求精度达到 10^{-5}。编写程序，输入 x，输出正弦值 $\sin x$。运行结果示例如图 5-22 所示。

图 5-22　"求正弦函数"运行结果示例

（5）谁是凶手。某地发生了一起谋杀案，警察通过排查确定杀人凶手必为 4 个嫌疑犯中的一个。以下为 4 个嫌疑犯的供词。

A 说：不是我。

B 说：是 C。

C 说：是 D。

D 说：C 在胡说。

只有凶手说的是假话，其余 3 个人说的是真话。请根据这些信息，编写程序，确定凶手。运行结果示例如图 5-23 所示。

图 5-23　"谁是凶手"运行结果示例

(6) 韩信点兵。相传韩信才智过人，从不直接清点自己军队的人数，只要让士兵先后以三人一排、五人一排、七人一排地变换队形，而他每次只掠一眼队伍的排尾就知道总人数了。编写程序，输入 3 个非负整数 a、b、c，表示每种队形排尾的人数（a<3，b<5，c<7），输出总人数的最小值（或报告无解）。已知总人数不小于 10，不超过 100。运行结果示例如图 5-24 所示。

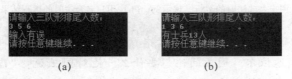

图 5-24 "韩信点兵"运行结果示例

(a) 输入有误时的运行结果示例；(b) 输入"1 3 6"时运行结果示例

(7) 车牌号问题。一辆卡车违反交通规则，肇事后逃逸。现场有三人目击事件，但都没有记住完整的车牌号，只记下车牌号的一些特征。

甲说：前两位数字是相同的。

乙说：后两位数字是相同的，但与前两位不同。

丙是数学家，他说：四位的车牌号刚好是一个整数的平方。

请根据以上线索，编写程序，求出该四位车牌号。运行结果示例如图 5-25 所示。

图 5-25 "车牌号问题"运行结果示例

(8) 九九乘法表。编写程序，输出如图 5-26 所示的九九乘法表。

图 5-26 "九九乘法表"运行结果示例

(9) 数字金字塔。编写程序，输出如图 5-27 所示的数字金字塔。

图 5-27 "数字金字塔"运行结果示例

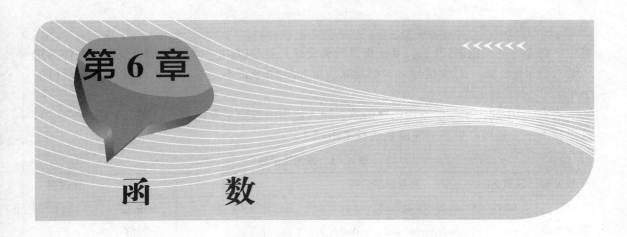

第 6 章 函 数

C 语言是结构化的程序设计语言。结构化程序设计思想的核心是将一个复杂的问题分解成若干个方便解决的子问题，这是一种自顶向下、逐步求精的模块化设计思想。求解子问题的算法和程序称为功能模块。各功能模块可以先单独设计，然后将求解所有子问题的模块组合成求解原问题的程序。在 C 语言中，编写功能独立的模块，可以通过函数来实现，C 语言程序就是由函数组成的。使用函数不但可以使程序结构清晰、具备可读性，而且可以提高代码的重用性，避免重复工作，提高程序设计的效率。

6.1 知识梳理

一个 C 语言程序由一个或多个函数组成，其中有且只有一个名为 main 的主函数，C 程序的执行从 main 函数开始。函数的知识主要包括以下几方面：函数的定义与声明、函数的参数和返回值、函数的数据传递方式、函数的调用、变量的作用域和存储类型。

6.1.1 库函数

C 语言提供了丰富的库函数，供用户调用，方便完成许多操作。

库函数一般用于表达式中，有的也能作为独立的语句完成某种操作。其使用形式如下：

函数名([<参数1>][,<参数2>][,参数3]…)

其中，函数名必不可少，函数的参数放在函数名后的圆括号中；参数可以是常量、变量或表达式，可以有一个或多个，少数函数为无参函数。大部分函数被调用时，都会返回一个值。需要特别注意的是：函数的参数和返回值都有对应的特定数据类型。

调用库函数时，源文件的 include 命令行中应该包含相应的头文件名。include 命令有以下两种书写形式：

```
#include"文件名"
#include<文件名>
```

其中,命令行必须以#号开头,系统提供的头文件一般是以 . h 作为文件的扩展名,文件名用一对双引号" " 或一对尖括号 < > 括起来。include 命令行不是 C 语句,因此不能在最后加分号。

表 6 – 1 中列出了一些常用的库函数。输入输出函数也是库函数,已在第 3 章详细介绍,这里就不一一列出。更多的库函数请参考附录 4。

表 6 – 1 常用库函数

函数类型	函数名	函数原型说明	功能	返回值	头文件
数学函数	fabs	double fabs(double x);	计算 $|x|$	$|x|$的值	math. h
	pow	double pow(double x,double y);	计算 x^y	x^y的值	
	sqrt	double sqrt(double x)	计算 $\sqrt{x}$	$\sqrt{x}$的值	
字符函数	isalpha	int isalpha(int ch);	检查 ch 是否为字母	1:是 0:否	ctype. h
	isspace	int isspace(int ch);	检查 ch 是否为空格、制表或换行符	1:是 0:否	
	tolower	int tolower(int ch);	把 ch 字母转换成小写字母	ch 对应的小写字母	
	toupper	int toupper(int ch);	把 ch 字母转换成大写字母	ch 对应的大写字母	
随机函数	rand	int rand(void);	产生 0 ~ 32 767 的随机整数	随机数	stdlib. h
	srand	void srand(unsigned int seed);	用来设置 rand( ) 产生随机数时的随机数种子,常用 time(0)、time (NULL) 的返回值作为种子	无	
时间函数	time	time_t time(time_t * seconds);	得到当前日历时间或者设置日历时间	当前日历时间	time. h

6.1.2 函数的定义

C 语言虽然提供了丰富的库函数,但这些函数是面向所有用户的,不可能满足每个用户的各种特殊需要,因此大量函数必须由用户自己来定义。

函数定义的一般形式:

```
函数类型 函数名(数据类型 形式参数1,数据类型 形式参数2,…)
{
  说明语句序列;
  可执行语句序列;
}
```

函数由函数首部和函数体组成,具体的组成部分如图 6-1 所示。

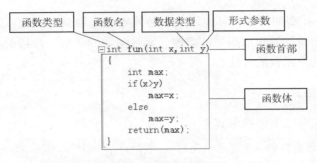

图 6-1 函数组成

函数定义的说明如下:

(1) 函数名和形式参数名(形式参数简称"形参")都是由用户命名的标识符。

(2) 在同一个程序文件中,函数名是唯一的,形参名可以与其他函数中的形参同名。在同一个函数内,形参名也是唯一的。

(3) 不能在函数内部定义函数。

(4) 函数类型即函数返回值的数据类型,函数的首部若省略函数类型,则默认函数类型为 int 型。若函数仅用于完成某些操作,没有函数值返回,则必须把函数定义成 void 类型。

(5) 除了函数类型为 char 型或 int 型的函数,其他函数必须先定义(或声明)后调用。

6.1.3 函数的返回值

函数的值通过 return 语句返回。return 语句有以下两种形式:

```
return 表达式;
return(表达式);
```

函数返回值的说明如下:

(1) 在 return 语句中,表达式的值就是所求的函数值,表达式的值的类型必须与函数首部所声明的函数类型一致,若不一致,则以函数值的类型为准,由系统自动进行转换。

(2) return 语句也可以不包含表达式,表示没有函数值返回,这时必须定义函数类型为 void 类型。

(3) 当程序执行到 return 语句时,程序的流程就返回到调用该函数的位置,并带回函数值。

(4) 在同一个函数内可以多处出现 return 语句，但 return 语句只可能执行一次。例如，函数"fun(){return 5;return 6;}"的返回值为5。

(5) 定义为 void 类型的函数没有 return 语句，在程序执行到函数结尾"}"后，程序的流程就返回到调用该函数的位置，且没有函数值返回。

6.1.4 函数的声明

除了 char 型或 int 型的函数，其他函数都必须先定义后调用，也可以先声明后调用。声明的作用在于事先让编译器知道函数的类型、函数参数的个数、参数的类型及参数顺序等信息，以便让编译器检查函数的合法性。

1. 函数声明的格式

函数声明的格式有以下两种形式：

```
类型名 函数名(参数类型1,参数类型2,…);
类型名 函数名(参数类型1 参数名1,参数类型2 参数名2,…);
```

2. 函数声明的位置

函数声明的位置主要有以下两种情况：
(1) 调用函数之前，在函数外部进行函数的声明。
(2) 调用函数内部的说明语句序列部分进行函数的声明。

6.1.5 函数的调用

1. 函数调用的一般形式

函数的一般调用形式：

```
函数名(实在参数表)
```

其中，实在参数（简称"实参"）的个数多于一个时，各实参之间用逗号分隔。实参的个数必须与所调用函数中的形参相同，类型一一对应匹配。若所调用的函数无形参，则调用的形式如下：

```
函数名()
```

该调用形式中的一对圆括号必不可少。

2. 函数调用的应用形式

调用函数一般用于表达式，有的也能作为独立的语句完成某种操作。其使用形式主要有以下两种：

(1) 所调函数有返回值，函数调用作为表达式出现在语句中。例如：

```
y=add(3.0,4.0);   //add是实现两数相加的自定义函数
```

(2) 所调函数没有返回值，函数调用作为一条独立的语句来执行。例如：

tu();   //tu是实现打印图形的自定义函数

6.1.6　函数的参数传递方式

在C语言中，调用函数与被调用函数之间的数据可以通过以下三种方式进行传递：
（1）实参和形参之间传递数据。
（2）通过return语句把函数值返回给调用函数。
（3）通过全局变量（通常不提倡这种方式）进行数据传递。
　　在此，主要讨论实参和形参之间传递数据。调用函数与被调用函数之间的数据可以通过参数进行传递。在C语言中，当参数是简单变量时，数据只能从实参单向传递给形参，称为"按值"传递，也称为"单向"传递。相当于，函数在调用时，将实参的一个副本传递给对应的形参，形参的变化不会引起实参的变化，即在"按值"传递过程中，用户不可能在函数中改变对应的实参值。

6.1.7　函数的嵌套调用

在C语言中，函数内部不能定义函数，即函数不能进行嵌套定义。但是一个函数可以调用另一个函数，另一个函数还可以调用其他函数，在函数调用时，允许这种嵌套调用。函数嵌套调用过程如图6-2所示。

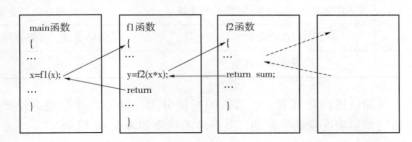

图6-2　函数嵌套调用过程

6.1.8　函数的递归调用

函数可以直接调用自己，称为简单递归。函数也可以间接调用自己，称为间接递归。在此主要讨论简单递归。
　　如果一个问题要采用递归方法来解决，则必须符合以下三个条件：
（1）可以将问题转化为一个新的问题，而这个新的问题的解法与原问题的解法相同。只不过所处理的对象有规律地递增或递减。
（2）可以利用以上的转化使问题得以解决。
（3）必须有一个明确的结束递归的条件。

6.1.9 变量的作用域和存储类型

1. 变量的作用域

从作用域的角度看，C 语言的变量分为局部变量和全局变量。变量的作用域是由变量的定义位置决定的，如表 6-2 所示。

表 6-2 变量的作用域

变量	变量定义位置	变量的作用域
局部变量	函数内部	函数内部
	复合语句内	复合语句内
全部变量	函数外部	从定义变量的位置开始，到程序结束

2. 变量的存储类型

C 语言程序占用的内存空间通常分为三个区，分别为动态存储区、静态存储区和程序代码区，它们具体的存放内容如表 6-3 所示。

表 6-3 程序的存储

存储区	存储内容	变量作用域
动态存储区	不需要占用固定存储单元的变量	大部分局部变量
静态存储区	需要占用固定存储单元的变量	全局变量、少部分局部变量
程序代码区	程序的机器指令	

从内存中的存储位置的角度看，C 语言的变量分为自动型、静态型、外部型和寄存器型。变量的存储类型影响变量的生存期，其具体的性质如表 6-4 所示。

表 6-4 变量的存储类型

存储类型	标识符	存储区	定义示例
自动型	auto	动态存储区	float a; auto float a;
静态型	static	静态存储区	static int b;
外部型	extern	静态存储区	extern int x;
寄存器型	register	寄存器	register int p;

1) auto 类型的注意事项

（1）定义自动变量时，auto 可省略。

(2) 自动变量的作用域局限于函数内部或复合语句内。

2) static 类型的注意事项

(1) 若定义静态存储变量没有初始化，则系统赋初值为 0。
(2) 若函数内部定义有静态局部变量，则在调用该函数时会保留上一次变量的值。
(3) 若函数外部定义静态全局变量，则该全局变量只限于本文件使用，不能被其他文件所引用。

3) extern 类型的注意事项

用 extern 声明全局变量，以扩展全局变量的作用域。

4) register 类型的注意事项

寄存器变量与自动变量的使用方法类似，唯一不同的是寄存器变量存放在寄存器中，以提高程序的执行速度。

6.1.10 函数的作用范围

从函数的使用范围的角度，C 语言的函数分为内部函数与外部函数。

1. 内部函数

内部函数的一般格式如下：

```
static 数据类型 函数名(形参列表)
{
  声明部分;
  执行部分;
}
```

例如：

```
static int f1(int a,int b)
{
  ...
}
```

内部函数也称为静态函数，只限于本文件的其他函数调用，不允许其他文件的函数对其进行调用。

2. 外部函数

外部函数的一般格式如下：

```
extern 数据类型 函数名(形参列表)
  声明部分;
  执行部分;
}
```

例如：

```
extern int f2(int x,int y)
{
    ...
}
```

由于函数是外部性质的,因此在定义函数时 extern 声明可以省略,并且其他文件的函数可以对其进行调用。

6.2 典 型 案 例

6.2.1 案例1:函数定义

1. 案例描述

定义一个函数 max,该函数的功能是求两个数的较大值。

2. 案例分析

(1) 该案例需要用户自定义一个函数,函数名为 max,其功能是求两个数的较大值,也可以理解为任意给定两个数,求较大值。任意给定的两个数用形参 x、y 表示。

(2) 返回值:两个数的较大值作为函数的返回值,若形参 x、y 定义为整型,则较大值为整型,返回值的数据类型为整型,函数的数据类型由返回值的数据类型决定,故函数的数据类型为整型。

(3) 函数的首部定义为"int max(int x,int y)"。

(4) 函数体的主要算法是求形参 x、y 的较大值(变量 z 表示),用一个双分支 if 语句即可实现。最后"return z",函数定义结束。

(5) 在 Visual C++2010 编译环境中进行调试时,若出现函数定义行语法错误,则可以将函数名 max 更改为 max_two 后再调试。

6.2.2 案例2:无返回值的函数调用

1. 案例描述

将以下的代码分解成两个模块来实现,一个模块用于输出信息管理专业的三个班,另一个模块用于输出工程管理专业的三个班。在主函数中调用这两个模块来实现模块化程序设计。

```
#include<stdio.h>
void main()
{
    printf("信息管理1班\n");
    printf("信息管理2班\n");
```

```
    printf("信息管理 3 班\n");
    printf("工程管理 1 班\n");
    printf("工程管理 2 班\n");
    printf("工程管理 3 班\n");
}
```

2. 案例分析

C 语言中用函数来实现模块化程序设计，以上代码可分解成两个模块，每个模块分别用函数实现。

（1）定义函数 cc( ) 实现模块一，代码如下。由于该函数只执行输出操作，并没有返回值，因此函数类型为 void 类型。

```
void cc()
{
    printf("信息管理 1 班\n");
    printf("信息管理 2 班\n");
    printf("信息管理 3 班\n");
}
```

（2）定义函数 gc( ) 实现模块二，代码如下。与模块一类似，该函数类型为 void 类型。

```
void gc()
{
    printf("工程管理 1 班\n");
    printf("工程管理 2 班\n");
    printf("工程管理 3 班\n");
}
```

（3）在主函数中实现对函数 cc( ) 与 gc( ) 的调用。一个程序可以自定义若干函数，其中一定要有一个主函数。

```
void main()
{
    cc();
    gc();
}
```

6.2.3 案例3：有返回值的函数调用

1. 案例描述

请编写程序，程序的功能如下：

(1) 定义一个函数 add，该函数能实现求两个整数 a、b 之和。
(2) 主函数实现：从键盘上输入两个整数 a、b，调用函数 add，并输出这两个数之和。运行结果示例如图 6－3 所示。

图 6－3　案例 3 运行结果示例

2. 案例分析

该函数与案例 1 类似。函数名为 add，形参为两个整数 a、b，这两个数之和作为函数返回值。因此，函数首部定义为"int add(int a,int b)"。

在模块化程序设计中，一般核心算法由自定义函数实现，主函数主要负责输入、调用函数、输出等操作。在本案例中，主函数实现：①输入 a、b；②调用 add 函数，如"y = add(a,b);"；③输出 y 的值。

6.2.4　案例 4：阅读函数调用程序，写运行结果

1. 案例描述

请阅读以下程序，写出程序的运行结果。

```
#include<stdio.h>
double sub(double x,double y,double z)//②
{
   y -=1.0;//③
   z = z + x;//④
   return z;//⑤
}
main()
{
   double a = 2.5,b = 9.0;
   double c;
   c = sub(b - a,a,a);//①
   printf("%f\n",c);
}
```

2. 案例分析

(1) 程序从主函数开始执行，主函数中的 b－a、a、a 分别作为实参。

①处：在语句"c = sub(6.5,2.5,2.5);"中，sub(6.5,2.5,2.5)是调用函数表达式，执行流程转向②处（sub 函数首部）。

②处：实现实参与形参的值传递：实参 b-a 的值 6.5 传递给形参 x、实参 a 的值 2.5 传递给形参 y、实参 a 的值 2.5 传递给形参 z，相当于形参 x、y、z 分别获得 6.5、2.5、2.5 的值。

（2）执行 sub 函数体部分：

③处：计算后，y 得到 1.5 的值。

④处：计算后，z 得到 9 的值。

⑤处：z 的值通过函数返回到主函数①处，即 c=9

（3）在主函数中，最后输出 c。

6.2.5 案例 5：函数参数的值传递

1. 案例描述

当函数参数为简单变量时，请用图来表示函数的数据传递方式。假设两个实参 a、b 的值分别为 1、2，将实参传递给形参 a、b 后，函数中形参的值分别变为 10、20，那么实参的值也会随之变化吗？

2. 案例分析

形参与实参的关系：

形参：定义函数时，放在函数名称之后括号中的参数。

实参：调用函数时，括号中的参数。

函数调用时，如果参数均为简单变量，则参数的数据传递过程为：将实参值的一个副本传递给对应的形参，形参值的变化不会引起实参值的变化。这个过程实际上是参数的单向传递。因此，在该案例中，形参的值变化后，实参的值不会随之变化。

6.2.6 案例 6：函数实现素数的判断

1. 案例描述

请编写函数 isprime。该函数的功能是判断某个整数是否为素数。若是，则函数返回 1，主函数中输出"YES"；否则，返回 0，主函数中输出"NO"。运行结果示例如图 6-4 所示。

(a)　　　　　　　　(b)

图 6-4　案例 6 运行结果示例

（a）输入"19"时的运行结果；（b）输入"20"时的运行结果

2. 案例分析

自定义函数 isprime，函数名为 isprime，由于函数的功能是判断某个整数是否为素数，故可以设某个整数 a 作为形参，该函数有返回值（0 或 1），所以函数类型为整型，函数首部定义为 "int isprime(int a)"。该函数的核心算法为判断 a 是否为素数，在第 5 章已经详细介绍了其算法，不同之处在于判断为素数时需要返回 1，判断不是素数时需要返回 0。

主函数中输入一个整数 x，用双分支 if 语句对 isprime(x) 的值进行判断：1 值输出 "YES"，0 值输出 "NO"。代码如下：

```
if(isprime(x))
    printf("YES\n");
else
    printf("NO\n");
```

6.2.7 案例 7：实现累加计算的函数

1. 案例描述

请编写一个函数 proc，函数的功能是计算数列的和。公式如下

$$sum = 1 + 2 + 3 + 4 + \cdots + m$$

根据形参 m，在主函数中调用函数 proc 并输出数列的和。运行结果示例如图 6-5 所示。

图 6-5 案例 7 运行结果示例

2. 案例分析

求和计算的程序在第 5 章中已经详细介绍，在此用自定义函数 proc 实现求和，形参为 m，求和的结果作为函数值返回值，函数首部定义为 "int proc(int m)"，函数体中求 1~m 的累加和 sum，函数体最后返回 sum 的值。

主函数负责输入一个整数值，该整数值作为实参调用函数，输出函数值，程序结束。

6.2.8 案例 8：阅读函数的嵌套调用程序，写运行结果

1. 案例描述

请阅读以下程序，写出程序的运行结果。

```
#include <stdio.h>
int fun2(int a,int b)//⑥
{
    int c;
```

```
        c=(a*b)%3; //⑦
        return c; //⑧
}
int fun1(int a,int b) //②
{
        int c;
        a+=a; //③
        b+=b; //④
        c=fun2(a,b); //⑤
        return c*c; //⑨
}
void main()
{
        int x=11,y=19;
        printf("%d\n",fun1(x,y)); //①
}
```

2. 案例分析

（1）程序从主函数开始执行，主函数中的 x、y 分别作为实参。

①处：输出项 fun1(x,y)是调用函数表达式，即 fun1(11,19)，执行流程转向②处（fun1 函数首部），形参 a、b 分别获得值 11、19，实现了第一次参数的值传递。

（2）执行 fun1 函数体部分：

③处：计算后，a 得到 22 的值。

④处：计算后，b 得到 38 的值。

⑤处：c=fun2(a,b)，即 fun2(22,38)，执行流程转向⑥处（fun2 函数首部），形参 a、b 分别获得 22、38 的值，从而实现了第二次参数的值传递。

（3）执行 fun2 函数体部分：

⑦处：计算后，c 得到 2 的值。

⑧处：c 的值通过函数返回到调用函数 fun1 的⑤处，即 c=2。

（4）返回调用函数 fun1：

⑤处：c=2。

⑨处：c*c 的值 4 通过函数返回调用函数 main 的①处，即 fun1(x,y)的值为 4。

（5）返回调用函数 main：

①处：输出 4。

程序结束。

6.2.9 案例 9：编写递归函数

1. 案例描述

用递归的方法求阶乘，请编写递归函数求 n!。递归公式如下：

$$n! = \begin{cases} 1, & n = 0, 1 \\ n \times (n-1)!, & n > 1 \end{cases}$$

主函数输入一个数 m，调用递归函数实现求该数的阶乘并输出。运行结果示例如图 6 – 6 所示。

图 6 – 6　案例 9 运行结果示例

（a）输入负数时的运行结果示例；（b）输入正数时的运行结果示例

2. 案例分析

该案例用循环结构就可以很轻松地实现。代码如下：

```c
#include<stdio.h>
main()
{
    int m,y,t,i;
    t = 1;
    printf("Enter m: ");
    scanf("%d",&m);
    if(m<0)printf("Input data error!\n");
    else
    {
        for(i = 1;i <= m;i ++)
            t *= i;
        printf("%d! = %d\n",m,t);
    }
}
```

递归作为一种算法在程序设计语言中被广泛应用。递归是计算机科学的一个重要概念，递归的方法是程序设计中的有效方法，采用递归编写程序，能使程序变得简洁和清晰。在此，将求积这样简单的程序采用递归方法实现，以便于递归方法的理解与递归方法的推广。

在 6.1.8 节中提到，采用递归方法来解决问题时，必须符合三个条件。其中，前两个条件主要是找出问题的规律性，将问题转化为一个新的问题，而新的问题与原问题的解法相同。n! 的规律：n! = n×(n – 1)!。若定义函数 fac(n) 表示 n!，则 fac (n – 1) 表示 (n – 1)!。第三个条件是必须有一个明确的结束递归的条件，当 n = 0 或 n = 1 时，n! = 1，递归结束。

因此，该问题也可以用递归方法实现。递归函数的代码如下：

```
int fac(int n)
{
  if(n==0||n==1)return 1;
  else return n*fac(n-1);
}
```

6.3 本章小结

在本章的学习中,要重点掌握函数的定义和调用、函数间的数据传递,以及嵌套和递归调用。C语言不仅提供了极为丰富的库函数,还允许用户定义自己的函数。从用户使用的角度看,函数分为库函数和自定义函数;从函数的形式上来看,函数可以分为无参函数和有参函数;从函数的值来看,函数可以分为无返回值函数和有返回值函数。形参是在函数定义中出现的参数,而实参是传递给被调用函数的值。函数的嵌套调用是指一个函数可以被其他函数调用,同时也可以调用其他函数。函数的递归调用是指一个函数直接(或间接)地调用该函数本身,是嵌套调用的一种特例。

1. 函数定义

函数定义的一般形式:

```
函数类型 函数名(数据类型 形式参数1,数据类型 形式参数2,…)
{
  说明语句序列;
  可执行语句序列;
}
```

2. 形参与实参

(1) 形参只能是变量,在被定义的函数中,必须指定形参的类型。形参变量只有在函数内部才有效,不能在函数外部使用。形参变量只有在函数被调用时才会分配内存,调用结束后,立刻释放内存。

(2) 实参可以是常量、变量、表达式、函数等,在进行函数调用时,它们都必须具有确定的值,以便把这些值传送给形参。实参一定要和函数定义部分保持一致,也就是说,定义部分有几个形参,调用的时候就得有几个实参,不能多也不能少,并且类型要保持一致。

3. 函数定义的注意事项

(1) 不同函数的形参可以同名,但是函数名不能相同,即使两个函数的返回值类型或者形参相同,函数名也不能一样。函数名在一般情况下要做到见名知义,要让人看到函数名就会知道函数的用途,便于程序的阅读。

(2) 有参函数比无参函数多了形式参数列表,它们可以是各种类型的变量,各参数之间用逗号隔开。如果在函数体内有新的变量需要定义,则一定不能和形参变量名相同。

(3) 有返回值函数中应至少有一个 return 语句，return 语句也可以有多个，但是每次调用函数只能有一个 return 语句被执行。如果函数没有返回值，那么返回值类型就为 void；也可以省略返回值类型，那么系统会默认返回 int 类型。return 后面也可以不接任何返回值，仅仅用于结束函数。

(4) 一个 C 语言程序必须有且只有一个 main 函数，无论 main 函数在程序的什么位置，运行时都从 main 函数开始执行。任何函数都不能调用 main 函数，它是被操作系统调用的。

4. 函数的声明

函数的声明语句要特别注意末尾的分号不能省略，一般放在 main 函数之前，若要放在 main 函数里面，则必须在函数被调用之前声明。如果将自定义的函数放在 main 函数之前，则可以省去函数声明部分，直接调用函数。但是，不能将自定义函数放在 main 函数里，因为函数不能嵌套定义。

5. 函数的嵌套与递归调用

在 C 语言中，不允许作嵌套的函数定义，但是 C 语言允许在一个函数的定义中出现对另一个函数的调用，即函数的嵌套调用。递归是一种函数调用自身的特殊嵌套调用，为了防止递归函数无终止地进行，必须在函数内有终止递归函数的条件。通常会采用条件判断，当条件不满足时，就跳出递归。

6. 变量的作用域和存储类型

(1) 变量的作用域由变量的位置决定。根据变量的作用域，可以将变量分为局部变量和全局变量。

(2) 变量的存储类型影响变量的生存期。变量的存储类型主要有 auto、static、extern 和 register 四种。

7. 函数的作用范围

根据函数的使用范围，可以将函数分为内部函数和外部函数。

习 题

1. 阅读下列程序，写出程序的运行结果

(1) 以下程序的运行结果是_____。

```c
#include<stdio.h>
int a=3,b=4;
fun(int x,int y)
{
    a=x;
    x=y;
    y=a;
}
```

```
int main()
{
    int m=1,n=2;
    fun(m,n);
    fun(a,b);
    printf("%d,%d,%d,%d",m,n,a,b);
}
```

(2) 若输入"2"和"3",则以下程序的运行结果是_____。

```
#include<stdio.h>
int fun(int a,int b)
{
    int x;
    int c=1;
    for(x=0;x<b;x++)
    c=c*a;
    return c;
}
void main()
{
    int a,b;
    scanf("%d%d",&a,&b);
    printf("%d\n",fun(a,b));
}
```

(3) 以下程序的运行结果是_____。

```
#include<stdio.h>
f2(int a)
{
    int c;
    c=a*2;
    return c;
}
f1(int a)
{
    int c;
    a+=2;
    c=f2(a);
    return c;
}
main()
{
  int x=1;
  printf("%d\n",f1(f2(x)));
}
```

(4) 以下程序的运行结果是_____。

```c
#include<stdio.h>
long f(int n)
{
  if(n>2)
        return(f(n-1)+f(n-2));
  else
        return(2);
}
main()
{
  printf("%ld\n",f(5));
}
```

(5) 以下程序的运行结果是_____。

```c
#include<stdio.h>
int fun(int a)
{
    static int t=0;
    return(t+=a);
}
int main()
{
    int i,j;
    for(i=1;i<=6;i++)
    j=fun(i);
    printf("%d\n",j);
}
```

2. 补充下列程序

(1) 编写函数,用以求表达式 x^2-5x+4 的值,x 作为参数传送给函数。调用此函数计算 y1、y2、y3 的值。计算式如下:

$$\begin{cases} y1 = 2^2 - 5 \times 2 + 4 \\ y2 = (x+15)^2 - 5 \times (x+15) + 4 \\ y3 = \sin^2 x - 5 \times \sin x + 4 \end{cases}$$

```c
#include<stdio.h>
#include<math.h>
double fun(_____x)
{
    return(_____);
}
```

```
int main()
{
    double x,y1,y2,y3;
    printf("请输入 x 的值:");
    scanf("%lf",&x);
    y1 = fun(2);
    y2 = fun(x + 15);
    y3 = fun(_____);
    printf("y1 = %lf\n",y1);
    printf("y2 = %lf\n",y2);
    printf("y3 = %lf\n",y3);
}
```

(2) 编写函数，能对两个分数进行加、减、乘、除运算。设两个分数采用的形式为 b/a 与 d/c，运算结果采用的形式为 y/x。

```
#include<stdio.h>
int x,y;
void cal(int,int,int,int,char);
void main()
{
    int a,b,c,d;
    char op;
    printf("input a,b,c,d,operate:");
    scanf("%d,%d,%d,%d,%c",&a,&b,&c,&d,&op);
    _____ ;
    printf("result:%d/%d",y,x);
}
void cal(int a,int b,int c,int d,_____ op)
{
    switch(_____)
    {
        case '+':
            x = a * c;
            y = b * c + a * d;
            break;
        case '-':
            x = a * c;
            y = b * c - a * d;
            break;
        case '*':
            x = a * c;
            y = b * d;
            break;
```

```
        case '/':
            x = a * d;
            y = b * c;
            break;
        }
}
```

(3) 编写函数，用以统计输入单词的个数，约定单词之间的间隔符号可以是空格符、换行符和跳格符，用字符@作为输入结束的标志。

```
#include<stdio.h>
#define IN 1
#define OUT 0
int countword()
{
    int c,count,state;
    state = OUT;
    count = 0;
    while((c = getchar())_____)
    {
        if(c ==' '||c =='\n'||c =='\t')
            state = OUT;
        else if(state == OUT)
        {
            state = IN;
            _____;
        }
    }
    _____ count;
}
main()
{
    int n;
    n = countword();
    printf("n = %d\n",n);
}
```

(4) 以下程序在函数 fun 中实现的公式如下：

$$s = \frac{3}{2^2} - \frac{5}{4^2} + \frac{7}{6^2} + \cdots (-1)^{n-1}\frac{(2 \times n + 1)}{(2 \times n)^2}$$

若在主函数中要求精度为 10^{-3}（即最后一项不超过 10^{-3}），请填空实现计算该精度下的公式的值。

```
#include <stdio.h>
double fun(double e)
{
   int i,k;
   double s,t,x;
   s = 0;   k = 1;   i = 2;
   x = _____ /4;
   while(x _____ e)
   {
     s = s + k * x;
     k = k * (-1);
     t = 2 * i;
     x = _____ /(t * t);
     i ++;
   }
   return s;
}
main()
{
   double e = 1e - 3;
   printf("\nThe result is: %f\n",fun(e));
}
```

3. 编写下列程序

（1）求三角形的面积。编写一个函数，求三角形的面积。在主函数中调用此函数，要求在主函数中判断输入的三边能否构成三角形。运行结果示例如图 6-7 所示。

图 6-7 "求三角形的面积" 运行结果示例

（a）输入无效值时的运行结果示例；（b）输入有效值时的运行结果示例

（2）找出素数。编写一个整型函数 isPrime(int n)，判断 n 是否为素数。如果 n 是素数，则函数返回 1；否则，返回 0。在主函数中调用此函数，找出 10~50 的素数并输出。运行结果示例如图 6-8 所示。

图 6-8 "找出素数" 运行结果示例

(3) 斐波那契数列。编写一个递归函数，求出斐波那契数列任意第 n 项的值。运行结果示例如图 6-9 所示。

图 6-9 "斐波那契数列"运行结果示例

(4) 输出正方形。编写一个 square 函数，令其在屏幕上显示一个实心正方形（用 * 号填充），该正方形的边长 side 是在形参中指定的。运行结果示例如图 6-10 所示。

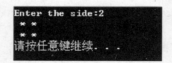

图 6-10 "输出正方形"运行结果示例

(5) 求公式的值。编写函数，根据整型形参 n 的值，计算如下公式的值：

$$1 - \frac{1}{2} + \frac{1}{3} - \frac{1}{4} + \frac{1}{5} - \frac{1}{6} + \frac{1}{7} - \cdots + (-1)^{n+1}\frac{1}{n}$$

运行结果示例如图 6-11 所示。

图 6-11 "求公式的值"运行结果示例

(6) 输出菱形。编写程序，输出以下图形。要求定义函数 f1()，实现图形前 4 行的输出；定义函数 f2()，实现图形后 3 行的输出，并在主函数中调用这两个函数，实现图形的输出。运行结果示例如图 6-12 所示。

图 6-12 "输出菱形"运行结果示例

(7) 判断天数。编写函数，根据整型形参 year、month、day 的值，计算该日为该年的第几天。在主函数中输入年、月、日，调用函数，输出结果。运行结果示例如图 6-13 所示。

(a)　　　　　　　　　　　　　　(b)

图 6-13　"判断天数"运行结果示例

（a）输入"2019-2-16"时的运行结果；（b）输入"2020-12-31"时的运行结果

（8）猴子吃桃问题。小猴摘了很多桃子，第一天吃了一半又多吃一个，第二天又吃掉一半再多吃一个，如此下去，到第十天恰好还剩一个桃子。问第一天小猴摘了多少桃子？请用递归函数的方法来实现。运行结果示例如图 6-14 所示。

图 6-14　"猴子吃桃问题"运行结果示例

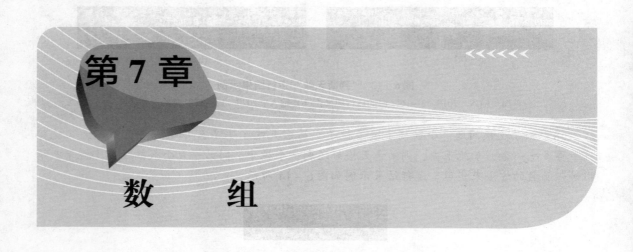

第 7 章　数　组

前面的章节已介绍了 C 语言中的简单数据类型（如整型、单精度型、双精度型、字符型等），也介绍了简单变量的使用，但在解决实际问题时，这些简单的数据类型和简单变量却无法满足需求。例如，要解决"请输入一个班级的学生成绩，并将成绩进行升序排序"这类问题，用简单变量的方法来实现，非常烦琐且不科学，如果数据规模增大，那么用前面的简单变量的方法就可能无法完成。为了便于处理这类问题，C 语言提供了数组这种数据类型。

7.1　知识梳理

在 C 语言中，数组属于构造数据类型，是有序数据的集合。数组中的每个元素都是属于相同数据类型的变量，这些变量在内存中占有连续的存储单元，用一个统一的数组名和下标来唯一地确定数组中的元素。例如，a[0]、a[1]、a[2]、…，它们就是一个名为 a 的数组中的元素，也称为"带下标的变量"，下标从 0 开始。

数组的知识主要包括：一维数组和二维数组的定义、引用及初始化，字符数组的定义、引用和初始化，常用的字符串处理函数，以及数组与函数的关系。

7.1.1　一维数组

数组是数目固定、类型相同的若干个变量的有序集合。一个数组包含若干个变量，每个变量称为一个元素，每个元素的类型都相同。

1. 一维数组的定义

一维数组定义的格式：

类型名　数组名[常量表达式]

其中，类型名定义了数组元素的数据类型，数组名的命名规则与变量名相同，C 语言用 [ ] 表示数组，方括号里的常量表达式表示数组元素个数，数组元素的个数也称为数组的长度。例如：

```
int a[6];          //定义一个名为 a 的数组,该数组有 6 个整型元素
float x[100];      //定义一个名为 x 的数组,该数组有 100 个单精度浮点型元素
char string[10];   //定义一个名为 string 的数组,该数组有 10 个字符型元素
double y[78];      //定义一个名为 y 的数组,该数组有 78 个双精度浮点型元素
```

通常在定义数组时，方括号里的常量表达式为符号常量。例如：

```
#define N 10    //编译预处理命令行,宏定义一个常量 N(符号常量)
int a[N];
```

⚠ **注意：**

定义数组后，系统会在内存中分配连续存储空间。在定义上述的数组 a 以后，系统将为数组 a 在内存中开辟 6 个连续的存储单元，每个存储单元对应的元素分别为 a[0]、a[1]、a[2]、a[3]、a[4]、a[5]。数组元素下标的下限为 0，上限为元素个数减 1。

2. 一维数组的引用

数组与简单变量一样，一维数组必须先定义后引用。一维数组的引用方式：

```
数组名[下标]
```

其中，方括号 [ ] 不能省略，下标可以是整型常量、整型变量或者整型表达式。例如：

```
int a[6],i = 3,j = 4;
a[0] = 1;
a[1] = 2;
a[2] = a[0] + a[1];
a[i] = a[j - i];
a[j ++] = a[0] * 5 + a[1] * 6;
```

执行以上语句后，a[2] 的值为 3，a[3] 的值为 2，a[4] 的值为 17。a[0] * 5 + a[1] * 6 是合法的算术表达式。总之，数组元素的使用方式与简单变量的使用方式完全相同。

⚠ **注意：**

（1）若数组元素的个数为 N，则下标的范围为 0 ~ N - 1，超出这个范围就是下标越界。系统对下标越界不查错，为避免引起内存出错，下标不要越界。

（2）与简单变量一样，数组元素在赋值前，没有确定的值。

3. 一维数组的初始化

数组元素在赋值之前没有确定的值，C 语言可以在定义时给各元素指定初值，称为数组的初始化。一维数组的初始化有以下两种情况：

1）对数组的全部元素初始化

例如：

```
int a[10] = {10,11,12,13,14,15,16,17,18,19};
```

表示数组 a 的 10 个元素的值如下：a[0]为 10、a[1]为 11、…、a[9]为 19。
若对数组全部元素初始化，那么可以不指定数组长度。例如：

    int a[] = {10, 11, 12, 13, 14, 15, 16, 17, 18, 19};

等价于：

    int a[10] = {10, 11, 12, 13, 14, 15, 16, 17, 18, 19};

2）对数组的部分元素初始化

例如：

    int b[10] = {0,1,2,3,4};

当所赋初值的个数少于所定义数组的元素个数时，系统将自动给后面的元素补以初值 0。例如：

    int b[10] = {0,1,2,3,4};

等价于：

    int b[10] = {0,1,2,3,4,0,0,0,0,0};

若对字符数组部分元素初始化，例如：

    char c[5] = {'@'};

等价于：

    char c[5] = {'@',0, 0, 0, 0};

由于整数 0 对应的字符为'\0'，因此有：

    char c[5] = {'@'};

等价于：

    char c[5] = {'@', '\0', '\0', '\0', '\0'};

⚠ **注意**：

（1）数组可以在定义时给各元素指定初值，不可在执行语句中给出初始值。例如：
正确代码：int a[6] = {1,2,3,4,5,6};
错误代码：int a[6];a[6] = {1,2,3,4,5,6};

（2）对数组部分元素初始化，是指对前面的连续元素初始化，不能对不连续的部分元素或后面的连续元素初始化。例如：
错误代码：int a[10] = {1,,3,,5,,7,,9,,};
错误代码：int a[10] = {,,,,,1,2,3,4,5};

（3）对数组元素初始化同一初值，必须一一写出。例如：
正确代码：int a[10] = {2,2,2,2,2,2,2,2,2,2};
错误代码：int a[10] = {2};
错误代码：int a[10];a = 2;

7.1.2 二维数组

若数组元素的下标只有 1 个,则该数组为一维数组。若数组有两个下标,则称该数组为二维数组。一维数组表示同一类型的一组数据;二维数组表示矩阵排列的同一类型的数据,第一个下标是行下标,第二个下标是列下标。

1. 二维数组的定义

二维数组的定义格式:

```
类型名 数组名[常量表达式1][常量表达式2]
```

其中,类型名、数组名与一维数组的含义相同,C 语言用两个 [ ] 分别表示数组的第一维与第二维。常量表达式 1 表示第一维的长度,即二维数组的行数;常量表达式 2 表示第二维的长度,即二维数组的列数。例如:

```
int a[3][4];      //定义二维数组 a,该数组 3 行 4 列,共有 12 个元素
float x[8][20];   //定义二维数组 x,该数组 8 行 20 列,共有 160 个元素
```

一维数组与二维数组的比较如表 7 - 1 所示。

表 7 - 1 一维数组与二维数组的比较

数组	定义	形 式
一维数组	int a[9]	a[0] a[1] a[2] a[3] a[4] a[5] a[6] a[7] a[8]
二维数组	int a[3][3]	a[0][0] a[0][1] a[0][2] a[1][0] a[1][1] a[1][2] a[2][0] a[2][1] a[2][2]

⚠ **注意:**

定义时二维数组,必须有两个方括号,不能将二维数组定义写为"int a[3,4]"。

2. 二维数组的引用

引用二维数组时,必须带有两个下标。二维数组的引用方式:

```
数组名[下标1][下标2]
```

其中,两个 [ ] 均不能省略,下标 1 是行下标,下标 2 是列下标,下标可以是整型常量、整型变量或者整型表达式。例如:

```
int a[3][4],i=1,j=3;
a[0][1]=1;
a[i][j]=2;
```

⚠ **注意:**

若二维数组的第一维长度为 M, 第二维长度为 N, 则该二维数组的行下标与列下标的下限均为 0, 上限分别为 M-1、N-1, 引用二维数组时, 应避免下标越界。

3. 二维数组的初始化

二维数组既可以看成由若干个相同类型的数据组成, 也可以看成由若干个一维数组组成(一行可以看成一个一维数组)。所以, 对二维数组初始化时, 既可以把数据一一按顺序列出, 也可以嵌套若干个一维数组。

1) 对二维数组的全部元素初始化

例如:

```
int a[3][4]={{1,2,3,4},{5,6,7,8},{9,10,11,12}};
```

或者:

```
int a[3][4]={1,2,3,4,5,6,7,8,9,10,11,12};
```

若在定义时对二维数组的所有元素赋初值, 则第一维的长度可省略。例如:

```
int a[][4]={{1,2,3,4},{5,6,7,8},{9,10,11,12}};    //第一维的长度为嵌套的一维数组的
                                                   //个数,即3
int a[][4]={1,2,3,4,5,6,7,8,9,10,11,12};          //第一维的长度为 12÷4=3
```

2) 对二维数组的部分元素初始化

虽然可以对二维数组的部分元素初始化, 但是系统将对其余元素补以初值 0。

（1）用嵌套一维数组初始化。例如:

```
int a[3][4]={{1,2},{3},{8}};
```

等价于:

1 2 0 0
3 0 0 0
8 0 0 0

（2）用线性形式把数据一一列出。例如:

```
int a[3][4]={1,2,3,8};
```

等价于:

1 2 3 8
0 0 0 0
0 0 0 0

若在定义时对二维数组的部分元素赋初值, 则第一维的长度可以省略。例如:

```
int a[ ][4]={{1,2},{3},{8}};   //第一维的长度为所嵌套的一维数组的个数,即3
int a[ ][4]={1,2,3,8};          //第一维的长度为 4÷4=1
```

⚠ **注意**：
（1）二维数组初始化时，可以省略第一维的长度，但不能省略第二维的长度。
（2）省略第一维长度的计算方法归纳如下：
嵌套方式初始化：第一维的长度＝嵌套的一维数组的个数
线性方式初始化：第一维的长度＝初值个数÷列数（不能整除时：商＋1）

7.1.3 字符数组

用于存放字符型数据的数组，称为字符数组。字符数组的定义及其性质与其他类型的数组类似，所不同的是，字符数组除了可以存放字符型数据，还可以存放字符串。

1. 字符数组的定义及初始化

1）字符数组的定义

字符数组定义的格式与其他数组相同，类型名为 char，格式如下：

```
类型名 数组名[常量表达式]
```

C 语言中有字符串常量，但没有提供字符串数据类型，C 语言中的字符串用字符型一维数组来存放，并规定以字符'\0'作为字符串结束的标志。因此字符数组既可以存放字符型数据，也可以存放字符串。'\0'作为字符串结束的标志，占用存储空间，但'\0'不计入字符串的实际长度。

例如：

```
char str[10];//定义字符数组 str,该数组可以存放 10 个字符或存放一个长度不大于 9 的字符串
```

2）字符数组的初始化

（1）用字符常量赋初值。

例如：

```
char s[7]={'s','t','u','d','e','n','t'};        //数组 s 存放的是字符型数据
```

又如：

```
char s[8]={'s','t','u','d','e','n','t','\0'};   //数组 s 存放的是字符串
```

（2）用字符串常量赋初值。

当字符数组中存放的是字符串时，可以直接用字符串常量赋初值。例如：

```
char s[8]={"student"};
```

或者：

```
char s[8]="student";
```

（3）初始化时省略数组长度。

例如：

```
char s[]="student";                    //省略的数组长度为 8,a[7]='\0'
char s[]={'s','t','u','d','e','n','t'};//省略的数组长度为 7,此数组中没有字符串结束标志，
                                       //因此该字符数组不能作为字符串变量使用
```

⚠ 注意：

（1）字符数组与字符串的区别：字符数组的每个元素中可存放一个字符，在字符数组中的有效字符后面添加'\0'，可以把这种一维字符型数组看作字符串变量。可以说，字符串是字符数组的一种特定情况。

（2）如果字符数组初始化时，数组的长度大于初值的个数，则其余元素都存放'\0'字符，因此该数组也存放的是字符串。例如：

```
char s[10] = {'s','t','u','d','e','n','t'};
```

等价于：

```
char s[10] = {'s','t','u','d','e','n','t','\0','\0','\0'};
```

2. 字符数组的引用

1）对字符数组元素的引用

对字符数组元素的引用方式与其他数组的引用方式相同：

数组名[下标]

例如：

```
char s[7] = {'s','t','u','d','e','n','t'}, i = 3;
printf("%c",s[i]);
```

2）对字符数组的整体引用

当字符数组作为字符串变量使用时，可以利用数组名对字符数组进行整体引用。

（1）输出字符串。例如：

```
char s[8] = "student";
printf("%s",s);
```

（2）输入字符串。例如：

```
char s[8];
scanf("%s",s);
```

⚠ 注意：

用 scanf 输入字符串时，%s 格式说明以用空格、回车符、制表符等间隔符来表示字符串输入的结束。因此，输入一个字符串时，其中不能包含空格字符。要想将包含空格符的字符串输入字符数组，就必须用字符串输入函数——gets 函数。

3. 字符串处理函数

调用字符串处理函数时，源文件 include 命令行中应该包含头文件名 string.h。

表 7-2 中列出了一些常用的字符串处理函数。

表 7-2 常用的字符串处理函数

函数类型	函数名	调用形式	功　　能
字符串输入函数	gets	gets(s)	从终端键盘读入字符串（包含空格符），直到读入一个换行符为止
字符串输出函数	puts	puts(s)	s 是字符串的首地址（如字符数组名）。输出从 s 地址开始，依次输出存储单元的字符，遇到第一个 '\0' 字符就结束输出
字符串连接函数	strcat	strcat(s1,s2)	将 s2 所指的字符串内容连接到 s1 所指字符串的后面，并自动覆盖 s1 字符串末尾的 '\0' 字符，函数返回 s1 的地址值
字符串复制函数	strcpy	strcpy(s1,s2)	将 s2 所指字符串的内容复制到 s1 所指的存储空间中，函数返回 s1 的地址值
求字符串长度函数	strlen	strlen(s)	计算 s 字符串的长度
字符串比较函数	strcmp	strcmp(s1,s2)	用于比较 s1 和 s2 所指字符串的大小。若 s1 > s2，则函数值大于 0；若 s1 = s2，则函数值等于 0；若 s1 < s2，则函数值小于 0

7.1.4　数组与函数

第 6 章中介绍过，当函数参数为简单变量时，数据的传递方式为"值传递"。数组元素与简单变量的用法一致，数组元素作为函数参数，因此数据的传递方式也为"值传递"。但是，当数组名作为函数参数时，就不采用"值传递"，而采用"地址传递"。

1. 数组名作为函数参数的表示方法

（1）数组名作为函数形参时，数组长度为空，表示不确定。例如：

```
int fun(int b[])
{
    ...
}
```

若有整型数组 a[M]，M 为符号常量，则调用该函数时，数组名 a 作为实参，如调用表达式 fun(a)，那么形参数组 b 的长度不能超过实参数组 a 的长度 M。

（2）数组名作为函数形参时，数组长度为确定的值。例如：

```
int fun(int b[M])//M为符号常量
{
    ...
}
```

若有整型数组 a[M]，则调用表达式与（1）一样，如 fun(a)，但形参数组 b 的长度与实参数组 a 的长度一样。

(3) 数组名作为函数形参时，数组长度为空，另一形参表示数组的长度。例如：

```
int fun(int b[],int n)
{
...
}
```

若有整型数组 a[M]，M 为符号常量，则调用该函数的调用表达式如 fun(a,M)，a 为要处理的数组名，M 为要处理的数组的实际长度。这种数组的参数表示方法比较常用。

当多维数组作为函数参数时，除了第一维长度可以为空，其余各维的长度必须是确定的值。

2. 数组名作为函数参数的数据传递方式

数组名作为函数参数时，数据的传递方式是"地址传递"。函数调用时，实参数组的首地址（第一个元素的地址）传递给形参数组。这样，实参数组与形参数组共用相同的存储区域，对形参中某一元素的存取也就是对相应的实参数组元素进行存取。这与值传递不一样，在值传递中，形参值的变化不会引起实参值的变化，而形参数组中某一元素的值变化会引起实参数组与其对应的元素值的变化。

7.2 典型案例

7.2.1 案例1：使用数组存放成绩

1. 案例描述

一个班级有 50 名学生，若要编程实现对这 50 名学生的成绩进行数据处理，请利用数组存储 50 名学生的成绩。

2. 案例分析

如果学生人数少，比如 5 名学生，则可以定义 5 个简单变量存储学生成绩：

```
double a,b,c,d,e;
a=98;b=69;c=78;d=81;e=83;
```

如果学生规模大，比如该问题中一个班级有 50 名学生，那么定义多个变量显然不是理想的办法。由于数组是数目固定、类型相同的若干个变量的有序集合，因此定义一个长度为 50 的数组来存放一个班学生的成绩是 C 语言中较为常见的办法：

```
double score[50];
```

7.2.2 案例 2：编程实现一维数组的赋值

1. 案例描述

定义一个长度为 30 的数组 a，对数组 a 的每个元素都赋值整数 2。

2. 案例分析

（1）数组 a 的长度为 30，每个元素均为整数，首先数组 a 的定义如下：

```
int a[30];
```

或者，将其中的长度用符号常量表示：

```
#define M 30 //宏定义符号常量
int a[M];
```

（2）用循环结构实现对数组 a 的赋值。代码如下：

```
for(i = 0;i < M;i ++)
    a[i] = 2;
```

（3）对一维数组的操作通常采用循环结构实现。一维数组与循环语句的结合使用，可实现对一组数据的处理。

7.2.3 案例 3：编程实现一维数组的输入

1. 案例描述

定义一个长度为 10 的数组 a，数据类型为整型，由用户输入每个元素的值。运行结果示例如图 7-1 所示。

图 7-1 案例 3 运行结果示例

2. 案例分析

（1）数组 a 的长度为 10，数据类型为整型。数组 a 的定义如下：

```
#define M 10
int a[M];
```

（2）用循环结构实现对数组 a 元素的输入。代码如下：

```
for(i=0;i<M;i++)
    scanf("%d",&a[i]);
```

7.2.4 案例 4：编程求数组的平均值

1. 案例描述

定义一个长度为 10 的数组 a，数据类型为整型，由用户输入每个元素的值，并求 10 个数组元素的平均值，最后输出平均值。运行结果示例如图 7-2 所示。

图 7-2 案例 4 运行结果示例

2. 案例分析

该案例是在案例 3 的基础上求数组的平均值，因此在案例 3 的基础上应增加一个循环结构，实现对数组元素的累加。代码如下：

```
for(i=0;i<M;i++)
    scanf("%d",&a[i]);
for(i=0;i<M;i++)
    sum+=a[i];
```

以上两个循环语句可以合并为一个循环语句。代码如下：

```
for(i=0;i<M;i++)
{
    scanf("%d",&a[i]);
    sum+=a[i];
}
```

最后，求平均值。平均值=数组的累加和/数组长度。代码如下：

```
ave=sum/M;
```

⚠ **注意：**

平均值 ave 定义为双精度型。为了确保平均值计算结果的正确性，也就是确保 sum/M 的运算结果为双精度型，既可以采用将 sum 定义为双精度型，也可以采用强制运算：(double)sum/M。

7.2.5 案例 5：编程实现二维数组的赋值

1. 案例描述

定义一个 5 行 10 列的二维数组，并对二维数组的每个元素都赋值整数 1。

2. 案例分析

（1）定义二维数组 array：第一维的长度为 5（行数），第二维的长度为 10（列数），每个元素均为整数。定义数组 array 的代码如下：

```
int array[5][10];    //一维与二维的长度也可以用符号常量表示
```

（2）用循环嵌套结构实现对二维数组 array 的赋值。代码如下：

```
for(i=0;i<5;i++)
    for(j=0;j<10;j++)
        array[i][j]=1;
```

（3）对二维数组的操作通常用循环结构的嵌套实现，外循环控制行，内循环控制列。

7.2.6 案例 6：编程求二维数组元素的累加和

1. 案例描述

一个二维数组对应的矩阵如下，求该二维数组元素的累加和，并输出该累加和。运行结果示例如图 7-3 所示。

$$\begin{bmatrix} 1 & 10 & 100 & 1000 \\ 2 & 20 & 200 & 2000 \\ 3 & 30 & 300 & 3000 \end{bmatrix}$$

图 7-3 案例 6 运行结果示例

2. 案例分析

（1）该案例中所描述的二维数组的行数为 3，列数为 4。因此，将二维数组 array 定义如下：

```
int array[3][4];
```

（2）用循环结构的嵌套来实现对二维数组元素求累加和。

```
for(i=0;i<3;i++)
     for(j=0;j<4;j++)
          sum+=array[i][j];
```

7.2.7 案例7：编程求二维数组主对角线元素的累加和

1. 案例描述

一个二维数组对应的矩阵如下，求该二维数组主对角线上元素的累加和，并输出该累加和。运行结果示例如图7-4所示。

$$\begin{bmatrix} 1 & 2 & 3 & 4 & 8 \\ 2 & 1 & 2 & 2 & 3 \\ 3 & 2 & 1 & 2 & 4 \\ 4 & 2 & 2 & 1 & 7 \\ 9 & 5 & 4 & 8 & 3 \end{bmatrix}$$

图7-4 案例7运行结果示例

2. 案例分析

（1）该案例中所描述的二维数组的行数为5，列数为5。因此，将二维数组a定义如下：

```
int a[5][5];
```

（2）行数与列数相等的二维数组中的主对角线与次对角线的应用，是二维数组中的常见操作。5行5列二维数组对应的主对角线与次对角线如图7-5所示。

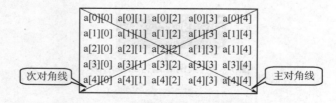

图7-5 二维数组中的主对角线与次对角线

从图7-5中可以看出，主对角线与次对角线上的行下标与列下标有一定关系。行下标用i表示，列下标用j表示，它们的关系表达式如下：

主对角线：i==j

次对角线：i+j==4（如果行数、列数均为M，则i+j==M-1）

（3）用循环结构的嵌套来实现对二维数组 a 的主对角线的元素求累加和。代码如下：

```
for(i =0;i <5;i ++)
        for(j =0;j <5;j ++)
                if(i ==j)sum +=a[i][j];
```

7.2.8 案例8：运用函数改变数组元素

1. 案例描述

定义函数 fun，函数头部为 fun(int s[ ],int n)，函数的功能是让 s 数组中奇数下标的数组元素值乘以 10。主函数的功能：定义数组，即 int a[ ] ={1,2,3,4,5}；输出变化前的数组 a 的元素；调用函数 fun(a,5)，输出变化后的数组 a 的元素。运行结果示例如图 7 – 6 所示。

图 7 – 6　案例 8 运行结果示例

2. 案例分析

（1）数组名作为函数形参时，数组长度为空，由另一形参表示数组长度，这是数组作为函数参数的常用形式。在该案例中，需要定义的函数头部为 fun(int s[ ],int n)。其中，s 为数组，长度为空；参数 n 表示该数组长度。该函数的功能只是修改奇数下标的数组元素，并没有返回值，因此函数数据类型为 void。fun 函数的定义代码如下：

```
void fun(int s[],int n)
{
    int i;
    for(i =0;i <n;i ++)
        if(i%2! =0)s[i] *=10;
}
```

（2）主函数完成四项操作，执行流程如图 7 – 7 所示。其中，输出数组 a 重复操作两次。为了代码的简洁性，定义一个函数 priarr 实现输出数组 a 的操作任务。

```
void priarr(int s[],int n)
{
    int i;
    for(i =0;i <n;i ++)
        printf("%2d",s[i]);
    putchar('\n');
}
```

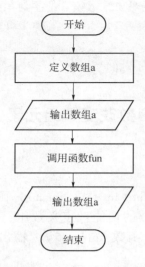

图7-7 案例8主函数流程图

7.2.9 案例9：运用函数求数组的平均值

1. 案例描述

定义一个函数，函数的功能是求数组的平均值。主函数的功能是随机产生一个100以内的有10个元素的数组，调用函数，并输出平均值（保留两位小数）。运行结果示例如图7-8所示。

图7-8 案例9运行结果示例

2. 案例分析

（1）定义一个函数fun，求数组的平均值，平均值作为函数返回值。代码如下：

```
double fun(int s[],int n)
{
    int i;
    double ave,sum = 0;
    for(i = 0;i < n;i ++)
        sum += s[i];
    ave = sum/n;
    return ave;
}
```

（2）主函数完成四项操作，执行流程如图7-9所示。其中，随机产生数组元素，运用随机函数rand( )，产生100以内的随机数：rand( )%100。为了保证每次运行时产生的随机数不同，需要用srand(time(NULL)) 设置产生随机数时的随机数种子。主函数中前两项的代码如下：

```
int a[10],i;
srand(time(NULL));
for(i = 0;i < 10;i ++)
    a[i] = rand()%100;
```

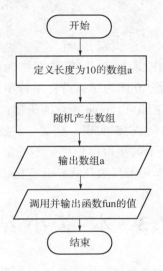

图7-9 案例9主函数流程图

7.2.10 案例10：字符数组的处理

1. 案例描述

定义一个函数proc，函数的功能是将字符串中所有下标为奇数的字母转换为大写字母（若该位置上不是字母，则不转换）。运行结果示例如图7-10所示。

图7-10 案例10运行结果示例

2. 案例分析

（1）用字符数组tt表示字符串，字符串的输入与输出不用借助循环结构，只需要用字符串输入函数与输出函数，即gets(tt) 与puts(tt)。主函数的功能将变得很简单：定义字符数组→输入字符串→调用函数→输出字符串。主函数的代码如下：

```
void main()
{
    char tt[81];
    printf("请输入80个字母以内的字符串:");
    gets(tt);
    proc(tt);
    printf("变化后的字符串为:");
    puts(tt);
    system("pause");
}
```

（2）proc函数实现该案例的主要功能，字符数组作为函数参数的情况比较特殊，字符数组代表字符串，字符串以空字符'\0'作为结束符，字符串的长度不确定。因此，字符数组名作为函数形参时，数组长度为空即可。proc函数的头部：void proc(char a[ ])。

字符数组的操作也是利用循环结构来实现。整型与实数型数组的长度是确定的，通常用for语句实现操作。字符数组所表示的字符串长度是不确定的，通常用while语句实现操作，当数组元素不为空时进入循环。循环条件表达式：a[i]! = '\0'。

7.3 本章小结

在本章的学习中，首先要掌握一维数组、二维数组、字符数组的定义和使用方法，接着要熟悉常用的字符串处理函数，最后还要掌握数组名作为函数参数的表示方法，以及数据传递方式。

1. 一维数组

一维数组的定义格式如下：

类型名 数组名[常量表达式]

对一维数组元素的引用方式如下：

数组名[下标]

一维数组的注意事项：
（1）数组名的命名规则与变量名的命名规则相同，但不能与其他变量名相同。
（2）在定义数组时，方括号中用常量表达式来表示数组元素的个数，不可以使用变量。
（3）在引用数组时，下标可以是整型常量、整型变量或者整型表达式。下标从0开始计算，最大值为数组元素个数减一。
（4）在定义数组时，可以给数组中的各元素指定初值，但在执行语句中只能对单个数组元素赋值，不能对整个数组赋值。

(5) 对数组全部元素初始化时，可以不指定数组长度。如果指定了数组长度，那么赋值的个数就不能超过数组长度。

(6) 对数组部分元素初始化时，只能对前面的连续元素初始化，不能对不连续的部分元素或后面的连续元素初始化。

2. 二维数组

二维数组的定义格式如下：

```
类型名 数组名[常量表达式1][常量表达式2]
```

对二维数组元素的引用方式如下：

```
数组名[下标1][下标2]
```

二维数组带有两个下标，可以看作是由一维数组嵌套而成的，每行可以当作一个一维数组。二维数组初始化时，可以省略第一维的长度，但不能省略第二维的长度。

3. 字符数组

字符数组是用来存放字符型数据或者字符串的数组，其定义和引用与其他类型的一维数组类似。如果用来存放字符串，就必须以字符'\0'作为字符串结束标志，且'\0'不计入字符串的实际长度。用函数 scanf 输入字符串时，第二个参数不需要加符号 &，直接使用数组名即可，但字符串中不能包含空格。

4. 字符串处理函数

(1) 字符串输入函数——gets 函数。
(2) 字符串输出函数——puts 函数。
(3) 字符串连接函数——strcat 函数。
(4) 字符串复制函数——strcpy 函数。
(5) 求字符串长度函数——strlen 函数。
(6) 字符串比较函数——strcmp 函数。

5. 数组作为函数参数的形式

1) 数组元素作为实参使用

数组元素作为函数的实际参数时，与普通变量作为参数的用法是完全相同的，数据的传递方式为"值传递"，函数调用之后不会改变数组元素原来的值。

2) 数组名作为函数的形参和实参使用

用数组名作为函数实参时，数据的传递方式是"地址传递"，它不是把所有数组元素的值传递给形参，而是把实参数组的首地址传递给形参数组。这样，两个数组的首地址一样，占用同一段内存单元。因此，对形参数组元素值的改变也会引起实参数组对应元素值的改变。

习 题

1. 阅读下列程序，写出程序的运行结果

（1）以下程序的运行结果是_____。

```c
#include<stdio.h>
#include<string.h>
main()
{
    char a[10]="ABCDEFG";
    a[4]=0;
    printf("%s,%d\n",a,strlen(a));
}
```

（2）以下程序的运行结果是_____。

```c
#include<stdio.h>
main()
{
    int i,j,m,a[2][3]={{10,20,30},{1,2,3}};
    m=a[0][0];
    for(i=0;i<2;i++)
        for(j=0;j<3;j++)
            if(a[i][j]<m)
                m=a[i][j];
    printf("%d",m);
}
```

（3）以下程序的运行结果是_____。

```c
#include<stdio.h>
main()
{
    int k,n=0;
    char c,str[ ]="teach";
    for(k=0; str[k];k++)
    {
        c=str[k];
        switch(k)
        {
            case 1: case 3: case5: putchar(c);
            printf("%d",++n); break;
            default: putchar('N');
        }
    }
}
```

(4) 以下程序的运行结果是_____。

```c
#include<stdio.h>
void main()
{
    int i,j,s=0,a[3][3];
    for(i=0;i<3;i++)
        for(j=0;j<=i;j++)
            a[i][j]=3*i+j+1;
    for(i=0;i<3;i++)
        for(j=0;j<=i;j++)
            s+=a[i][j];
    printf("%d\n",s);
}
```

(5) 下列程序运行后，输入"qwf12dfe34"后的运行结果是_____。

```c
#include<stdio.h>
int main()
{
    char a[60];
    int ca=0,cn=0,i;
    gets(a);
    i=0;
    while(a[i]!='\0')
    {
        if(a[i]>='a'&&a[i]<='z'||a[i]>='A'&&a[i]<='Z')
            ca++;
        if(a[i]>='0'&&a[i]<='9')
            cn++;
        i++;
    }
    printf("%d,%d\n",ca,cn);
    return 0;
}
```

2. 补充下列程序

（1）下面程序采用冒泡排序算法对数组进行由小到大排序，请根据算法来完善程序。冒泡排序算法：两个相邻元素相比较，轻的（小的）上漂，重的（大的）下沉；第一轮排序后，最大元素会出现在最下面，从而排除最大元素，进行第二轮排序，次大元素出现在倒数第二位，依次类推。

```
#include<stdio.h>
main()
{
int a[10]={20,23,56,12,7,5,78,80,32,16};
int i,j,t;
for(i=0;i<9;i++)
      for(j=0;_____;j++)
           if(_____)
           {
             t=a[j];a[j]=a[j+1];a[j+1]=t;
           }
   for(i=0;i<10;i++)
        _____;

}
```

(2) 下面程序采用选择排序法对数组中的元素按由小到大的顺序进行排序，请填空。

选择排序法：每一轮从待排序的数据元素中选出最小的一个元素。第一轮排序时，将第一个数与第二个数相比较；若第二个数较小，则交换；再将第一个数与第三个数比较，若第三个数较小，则交换；依次类推，则第一轮排序后，最小的数被找出，并排在了第一位。第二轮排序时，因首位数字已是最小数，且排在第一位，因此就只需对剩下的数组元素进行排序，具体过程与第一轮排序一样。依次类推。

```
#include<stdio.h>
#define N 10
void arrout(int a[],int n)
{
   int i;
   for(i=0;i<n;i++)
   printf("%4d",a[i]);
}
void main()
{
   int i,j,min,temp;
   int a[N];
   printf("请输入十个整数:");
   for(i=0;i<=9;i++)
      scanf("%d",_____);
   for(i=0;i<9;i++)
    {
      min=i;
      for(j=i+1;j<10;j++)
         if(a[min]>a[j])
            _____;
```

```
            if(min!=i)
              {
                temp=a[i];
                a[i]=a[min];
                a[min]=temp;
              }
          }
        _____;
}
```

(3) 设数组 a 的元素均为正整数，以下程序是求 a 中奇数的个数和奇数的平均值。请将程序补充完整。

```
#include<stdio.h>
int main()
{
    int a[10]={10,9,8,7,6,5,4,3,2,1};
    int k,s,i;
    float ave;
    for(i=0,k=s=0;i<10;_____)
        {
            if(_____)
                continue;
            s+=_____;
            k++;
        }
    if(k!=0)
        {
            ave=s/k;
            printf("%d,%f\n",k,ave);
        }
    return 0;
}
```

(4) 以下程序从数组中删除元素 a[3]，然后输出数组，请填空实现程序功能。

```
#include<stdio.h>
void main()
{
    int a[10]={0,11,22,100,33,44,55,66},len=8;
    int i;
    int _____;
    if(loc<len)
        {
            for(i=loc;i<len;i++)
                _____;
            len--;
        }
    else
        printf("无此元素\n");
    for(i=0;i<len;i++)
        printf("%d,",_____);
}
```

(5) 按图7-11所示的数据规律，给数组的下三角置数，并按此形式输出，请填空实现程序功能。

图7-11 数组下三角数据

```
#include <stdio.h>
#define M 5
void main()
{
    int a[M][M] = {_____},i,j,k = 0;
    for(j = 0;j < M;j + +)
        for(i = M - 1;i > = j;i - -)
            a[i][j] = _____;
    for(i = 0;i < M;i + +)
    {
        for(j = 0;j <= i;j + +)
            printf("%4d",_____);
        printf("\n");
    }
}
```

3. 编写下列程序

(1) 查找数组元素。若已有数组 a[10] = {1,2,3,4,5,6,7,8,9,10}，编程实现：任意输入一个整数 n，顺序查找数组，若发现有与 n 相等的数组元素，则查找成功，并输出该数组元素的下标，否则显示未找到。运行结果示例如图 7-12 所示。

(a)　　　　　　　　(b)

图7-12 "查找数组元素"运行结果示例
(a) 查找成功时的运行结果示例；(b) 查找失败时的运行结果示例

(2) 寻找数组中的奇数。编写程序，定义常数 N，输入 N 个整数到数组 a[N]，将该数组中的所有奇数放在另一个数组中并输出。运行结果示例如图 7-13 所示。

图7-13 "寻找数组中的奇数"运行结果示例

(3) 删除数组元素。若已有数组 a[10] = {0,11,22,33,44,55,66,77,88,99}，编程实现：任意输入一个整数 x（0≤x≤9），删除数组中下标为 x 的元素，然后输出该数组。运行结果示例如图 7-14 所示。

图 7-14 "删除数组元素"运行结果示例
（a）输入有效值时的运行结果示例；（b）输入无效值时的运行结果示例

(4) 数组计数器。输入一行字符，用数组元素作为计数器来统计每个数字字符的个数，用下标为 0 的元素统计字符'0'的个数，用下标为 1 的元素统计字符'1'的个数，依次类推。运行结果示例如图 7-15 所示。

图 7-15 "数组计数器"运行结果示例

(5) 矩阵的转置与求和。随机产生一个元素值在 50 以内的 3×3 整数矩阵，输出原矩阵的转置矩阵，再输出一个矩阵，其值是原矩阵与转置矩阵的和。运行结果示例如图 7-16 所示。

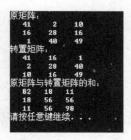

图 7-16 "矩阵的转置与求和"运行结果示例

(6) 寻找子串。输入两个字符串，输出第二个字符串在第一个字符串中出现的次数，运用函数 strcmp 来实现。运行结果示例如图 7-17 所示。

图 7-17 "寻找子串"运行结果示例

(7) 选大王游戏。有 n 个人围成一圈，顺序排号。从第一个人开始报数，从 1 到 M 报数，凡是报 M 的人退出圈子，重复上述过程，游戏不断地进行，直到圈内只剩下一个人，这个人就是选出的大王，问最后的大王是原来的第几号。运行结果示例如图 7-18 所示。

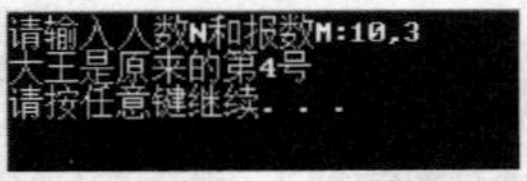

图 7-18 "选大王游戏"运行结果示例

(8) 数字加密。某公司采用公用电话传递数据，数据是四位整数，在传递过程中是加密的。加密规则：每位数字都加上 3，然后用和除以 10 的余数代替该数字，再将第一位和第四位交换，第二位和第三位交换。运行结果示例如图 7-19 所示。

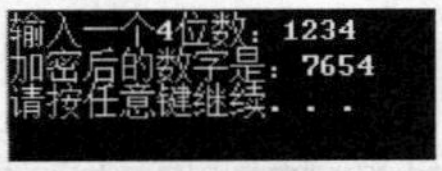

图 7-19 "数字加密"运行结果示例

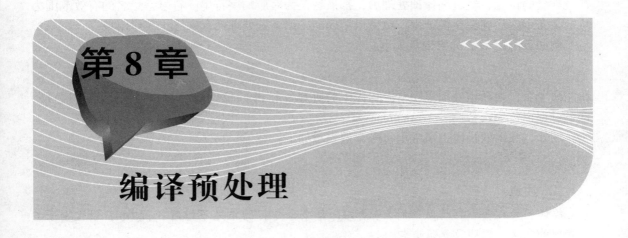

第8章 编译预处理

编译预处理是 C 语言的一个重要特点,其作用域是从出现点到所在源程序的末尾,C 语言提供了多种预处理功能。编译预处理功能也是模块化程序设计的一个工具,合理地使用编译预处理功能,有利于程序的阅读、修改、移植和调试。

8.1 知识梳理

C 语言具有编译预处理的功能。在 C 语言中,凡是以"#"开头的命令行都称为编译预处理命令行。在前面章节中用到的#include、#define 就是编译预处理命令。编译预处理就是 C 语言编译系统对 C 语言源程序进行编译之前,先由编译预处理程序对这些编译预处理命令行进行处理的过程。

C 语言提供了许多编译预处理命令,本章主要介绍其中的两种命令:宏定义、文件包含。

8.1.1 宏定义

C 语言的宏定义分为两种形式:不带参数的宏定义(无参宏)与带参数的宏定义(带参宏)。

1. 无参宏

无参宏是用一个简单的名字代替一个长的字符串。
无参宏的一般格式如下:

```
#define 符号常量名 字符串
```

其中,符号常量名又称为宏名,通常用大写字母表示,以区别于变量名。在程序中凡是遇到符号常量的位置，经过编译预处理后，都被替换为对应的字符串。符号常量名的有效范围为从定义命令之后到源文件结束，也可以用#undef 编译预处理命令来终止其作用域。

例如，圆周率 π 的宏定义如下：

```
#define PI 3.14159
```

在此命令后，编译预处理程序对源程序中的所有名为 PI 的位置都用 3.14159 七个字符替换，这个过程也称为宏替换。

例如，数组的长度也通常用符号常量表示如下：

```
#define N 100
```

⚠ 注意：

编译预处理命令行均以"#"号开始，每个命令行的结尾不得用";"号，以区别于 C 语言中的定义、说明及执行语句。

2. 带参宏

除了简单的宏定义外，C 语言预处理程序还允许定义带参数的宏。
带参宏的一般格式如下：

```
#define 符号常量名(参数表) 字符串
```

例如：

```
#define area(r) PI*r*r
```

其中，r 是形参，表示圆的半径。

对参数宏的使用办法类似于函数调用，在程序中使用宏的时候，要提供相应的实际参数。

8.1.2 文件包含

文件包含是指在一个文件中将另一个文件的全部内容包含进来。
文件包含的一般格式如下：

```
#include <文件名>
```

或者：

```
#include "文件名"
```

在编译预处理时，用包含文件中的内容来替换此命令行。其中，系统文件名用尖括号括起来，表示直接到指定的文件目录去寻找这些文件；用户文件名用双引号括起来，表示在当前目录寻找，如果找不到，就到包含文件目录中去寻找。

文件包含的#include 命令行通常写在所用源程序文件的开头，因此也把包含文件称为头文件。

例如：
源程序文件 prog.c 的代码如下：

```
#include<stdio.h>
#include"myfile.c"
void main()
{
    printf("%d\n",max_two(5,105));
}
```

其中，myfile.c 文件的内容如下：

```
int max_two(int a,int b)
{
    return a>=b?a:b;
}
```

在编译 proc.c 文件时，编译预处理程序用 myfile.c 文件的所有文本来替换命令行#include "myfile.c"。因此，在程序中调用函数 max_two，能够正确输出两者的较大值 105。

前面章节中的程序在使用到#include 命令时，都是调用库函数中的文件。引用不同的库函数时，在源文件中所包含的头文件也是不同的。C 语言提供的常用标准头文件如表 8 – 1 所示。

表 8 – 1 常用标准头文件

头文件	库函数	头文件	库函数
stdio.h	输入输出函数	string.h	字符串函数
stdlib.h	system 函数、随机函数和动态分配函数	ctype.h	字符函数
math.h	数学函数	time.h	日期和时间函数

⚠️ 注意：
文件包含的#include 命令行通常写在所用源程序文件的开头，因此也把包含文件称为头文件。头文件名可以是系统文件，也可以由用户指定，其扩展名不一定用 .h。

8.2 典型案例

8.2.1 案例1：带参宏的应用

1. 案例描述

定义一个带参宏 f(x)，其要替换的字符串为 x * x，实参为 2 + 2。请判断执行以下程序段后程序的输出结果。

```
#include<stdio.h>
#define f(x) x*x
main()
{
    int i;
    i=f(2+2);
    printf("%d\n",i);
}
```

2. 案例分析

该案例是带参宏的应用问题。

(1) 带参宏定义中：f(x) 替换 x*x。

(2) 主函数中对带参宏的应用：f(2+2)。其中，实参为 2+2。

(3) f(2+2) 的替换过程：f(2+2) 替换 2+2*2+2，结果为 8。

(4) 程序最终的输出结果为 8。

带参数的宏替换与简单的宏替换在规则上是一致的，都是机械地进行替换。如果实参是单一的值，则计算结果不会有问题。如果实参是表达式，就会出现意想不到的结果。要想得到预想的结果，可以在宏定义时加上括号。例如，以上的宏定义修改为如下的代码。那么重新执行以上的程序段，则程序的输出结果就为 16。

```
#define f(x) (x)*(x)
```

8.3 本章小结

在本章的学习中，要掌握无参宏与带参宏的宏定义方法，以及文件包含编译预处理命令。

1. 宏定义

无参宏的一般格式如下：

```
#define 符号常量名 字符串
```

带参宏的一般格式如下：

```
#define 符号常量名(参数表) 字符串
```

宏定义的注意事项：

(1) 符号常量名也称为宏名，通常用大写字母表示，字符串中可以含任何字符，可以是常数、表达式、if 语句、函数等，字符串不用加上双引号，结尾也不必加上"；"，否则都算是字符串的内容部分。

(2) 宏定义必须写在函数之外，其作用域为从宏定义命令开始，到有 #undef 编译预处理命令的位置或者直到源程序结束。

（3）代码中的宏名如果被双引号包围，那么只是普通字符串的内容，预处理程序不会进行宏替换。

（4）宏定义允许嵌套，可以使用已经定义过的宏名，在宏展开时，由预处理程序进行层层替换。

```
#define PI 3.14159              //定义宏
#define area(r)(PI*r*r)         //嵌套定义宏
```

（5）带参宏定义中，参数不必指明数据类型，宏名和参数表外面的括号之间不能有空格出现。

2. 文件包含

文件包含的一般格式如下：

```
#include <文件名>
```

或者：

```
#include"文件名"
```

在包含文件时，系统文件名应使用尖括号括起来，而用户文件名用双引号括起来。一个#include 命令只能包含一个头文件，多个头文件需要使用多个#include 命令。

● 习 题

1. 阅读下列程序，写出程序的运行结果

（1）以下程序的运行结果是_____。

```
#include <stdio.h>
#define t 5
#define f(A,B) A>0?B:B+A
main()
{
    printf("%d\n",f(3-t,t+3));
}
```

（2）以下程序的运行结果是_____。

```
#include <stdio.h>
#define N 1
#define M (N+1)
#define NUM (M+2)*M/4
void main()
{
    int i;
    for(i=1;i<NUM;i++)
        printf("%d",i);
}
```

(3) 以下程序的运行结果是_____。

```c
#include<stdio.h>
#define f(x) x*x*x
main()
{
    int a=2,b,c;
    b=f(a+1);
    c=f((a+1));
    printf("%d,%d\n",b,c);
}
```

2. 补充下列程序

(1) 下面程序是利用宏来计算圆的面积,填空完成程序。

```c
#include<stdio.h>
#define PI 3.14
#define _____
main()
{
    printf("%f\n", area(3));
}
```

(2) 下面程序是实现字符串的复制和比较,填空完成程序。

```c
#include<stdio.h>
#include _____
#include _____
void main()
{
    char a[10];
    int m;
    strcpy(a,"student");
    puts(a);
    m=strcmp("abcd","abaa");
    printf("%d\n", m);
}
```

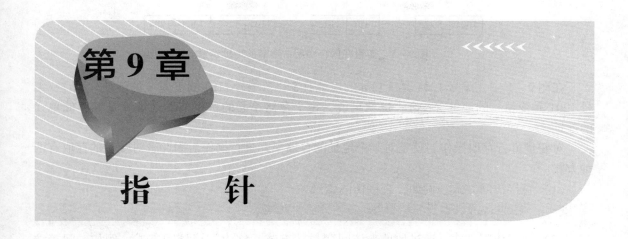

第 9 章　指　针

在 C 语言中，指针是一个重要概念，也是一种重要的数据类型，更是 C 语言的特色之一。运用指针可以更有效地使用复杂的数据结构，直接处理内存地址，实现函数间的数据传递，更灵活方便地操作数组和字符串。C 语言因为有了指针而更加灵活和高效，很多看似不可能的任务都是由指针完成的。对于初学者，使用好指针有一定难度，如果对指针的使用不当，有可能导致程序失控，甚至系统崩溃。因此，正确掌握指针的概念、正确合理地使用指针是十分重要的。

9.1　知识梳理

指针的知识主要包括以下几方面：指针和指针变量的概念、指针变量的引用和运算，利用指针操作数组，利用指针操作字符串，指针与函数的关系、指针数组的定义和应用，指向指针的指针的定义和使用。

9.1.1　指针概述

在 C 语言中，一个变量实质上代表"内存中的某个存储单元"。

计算机的内存是以字节为单位的一片连续的存储空间，每一个字节都有一个编号，这个编号就称为内存地址。

同一数据类型的变量在内存中所对应的存储单元长度是固定的，变量的数据类型不同，其长度也不同。Visual C++6.0 或者 Visual C++2010 中，short int 型变量占 2 字节、int 型变量和 float 型变量占 4 字节、double 型变量占 8 字节、char 型变量占 1 字节。

若有定义"short int a,b; float x;"，则变量 a、b、x 在内存中所占字节的地址示意如图 9 - 1 所示。

图 9-1 变量在内存中所占字节的地址示意

在图 9-1 中，编号 1001 是变量 a 的地址（&a），编号 1101 是变量 b 的地址（&b），编号 1201 是变量 x 的地址（&x）。也就是说，每个存储单元的首字节的地址就是该存储单元的地址。

对变量进行存取操作，就是对某个地址的存储单元进行操作。因此，对变量的存取有两种方式。

（1）直接访问方式。例如，直接访问变量 a：

```
a=10;printf("%d",a);
```

（2）间接访问方式。通过地址来访问变量的方式，称为间接访问方式。例如，间接访问变量 a：用一个特殊的变量 pa 存放变量 a 的地址 &a，地址所指向的存储单元就是变量 a，地址与变量的指向关系如图 9-2 所示。

在图 9-2 中，指向关系是通过地址建立的，所以地址也称为指针，指针就是地址的别名。通过指针，可以方便地达到间接访问的目的。

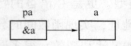

图 9-2 地址与变量的指向关系

在图 9-2 中，变量 pa 很特殊，它存放的是 a 的地址，这种专门用来存放地址的变量称为指针变量。

9.1.2 指针变量

前面提到专门存放地址的变量称为指针变量，由于指针变量很特殊，它的定义、引用及运算与简单变量的差异较大。

1. 指针变量的定义

指针变量定义的一般格式：

数据类型 *指针变量名

其中，指针变量名前的 * 是一个说明符，用于说明该变量是指针变量，该星号不能省略。数据类型表示指针变量指向的变量的数据类型。

例如：

```
short int *pa,*pb;
float *px;
```

指针变量 pa、pb 指向的数据类型为 short int 的存储单元，即变量 pa 和 pb 只能存放 short int 类型的变量地址，因此 short int 是指针变量 pa 和 pb 的基类型。

同理，指针变量 px 的基类型是 float，px 只能存放 float 类型的变量地址。

```
float x=1.5,*px,*py;
px=&x;
```

指针也可以进行初始化，以上两条代码可以改写如下：

```
float x = 1.5, * px = &x, * py;
```

2. 指针变量的引用

C 语言提供了两个与地址有关的运算符：取地址运算符（&）、间接访问运算符（ * ）。灵活利用这两个运算符，可以对指针进行引用。

1）指针变量的赋值

利用指针变量进行间接访问之前，指针变量必须获得一个确定的地址值，才能指向该存储单元。

（1）通过取地址运算符（&）获得地址值。例如：

```
px = &x;
```

指针变量 px 获得变量 x 的地址值后，px 指向变量 x 的存储单元，指针变量 px 与变量 x 的指向关系如图 9-3 所示。

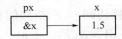

图 9-3 指针变量 px 与变量 x 的指向关系

⚠ **注意：**

取地址运算符（&）是单目运算符，其运算对象只能是变量或者数组元素，不能是表达式或者常量。

（2）通过指针变量获得地址值。例如：

```
py = px;
```

指针变量 px 赋值给指针变量 py，因此指针变量 py 也获得变量 x 的地址值，px 指向变量 x 的存储单元，指针变量 py 也指向变量 x 的存储单元。指针变量 px 与 py 同时指向变量 x，它们的指向关系如图 9-4 所示。

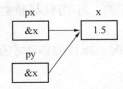

图 9-4 指针变量 px、py 与变量 x 的指向关系

（3）给指针变量赋空值。

当一个指针变量没有指向特定的对象时，可以让指针变量为空值。例如：

```
px = NULL;
```

等价于：

```
px = 0;
px = '\0';
```

⚠ **注意:**

在语句 "px = 0;" 中,指针变量 px 并不是指向地址为 0 的存储单元,而是表示该指针没有指向,为空指针。

2) 间接访问

间接访问运算符(*)也是单目运算,运算对象只能是指针变量或者地址。当指针变量获得一个确定的地址值后,指针变量指向该地址的存储单元。利用间接访问运算符(*),就可以通过指针变量引用存储单元对应的变量。

例如:

```
int i = 10, * p1 = &i;
* p1 = 20;
printf("%d",i);
```

当 p1 = &i,指针变量获得变量 i 的地址后,它们的指向关系如图 9-5 所示。

* p1 表示通过指针变量 p1 来间接访问 p1 所指向的存储单元(变量 i),即 * p1 表示指针变量 p1 所指向的变量 i。因此,将 p1 = &i 后, * p1 与变量 i 表示同一个存储单元对应的变量,一个是间接访问,另一个是直接访问,它们是等价的,当 * p1 = 20 时,则 * p1 变为 20,变量 i 也变为 20。

当 * p1 = 20 时,间接访问 * p1 与变量 i 的等价关系如图 9-6 所示。

图 9-5 指针变量 p1 与
变量 i 的指向关系

图 9-6 间接访问 * p1 与
变量 i 的等价关系

3. 指针变量的运算

1) 指针移动

指针移动是对指针变量加(或减)一个整数,或通过赋值运算,使指针变量指向相邻的存储单元。指针移动一般有两种运算:①指针与整数的加减运算;②指针变量的增量、减量。

只有当指针指向连续的存储单元时,指针的移动才有意义。指向连续的存储单元的两个指针可以进行相减运算。

例如:

```
int a[5] = {10,20,30,40,50}, * p, * q;
p = &a[0];      //p 指向存储单元 a[0]
q = p + 2;      //q 指向存储单元 a[2]
q ++;           //q 指向存储单元 a[3]
q ++;           //q 指向存储单元 a[4]
q --;           //q 指向存储单元 a[3]
p ++;           //p 指向存储单元 a[1]
```

指针变量 p 与 q 的移动过程如图 9-7 所示。

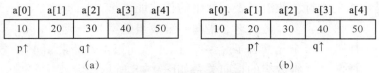

图 9-7 指针变量的移动
(a) 指针变量 p、q 的初始位置；(b) 指针变量 p、q 移动后的位置

2）指针比较

在关系表达式中，可以对两个指向同一数据类型的指针变量进行比较。
例如：

```
if(p<=q)
    p++;
```

指针也可以和空值进行比较，表示指针是否为空指针。
例如：

```
if(p==0&&q!=0)
    p=q;
```

9.1.3 指针与数组

一个数组在内存中占用连续的存储空间，而指针善于处理连续的存储单元，因此指针与数组之间的关系十分密切。

1. 指针与一维数组

1）数组的指针

数组在内存的起始地址（首地址）称为数组的指针。
例如：

```
int a[5]={10,20,30,40,50};
```

数组的第 0 个元素 a[0] 的地址为 &a[0]，是首地址。
在 C 语言中，数组名是数组的指针，数组名也表示首地址。

⚠ 注意：

虽然数组名表示首地址，但它只是一个地址常量，不能作为指针变量来使用。例如，以下用法都是不合法的：

```
a++;
a=&a[0]
```

在第 7 章中，利用下标法对一维数组进行了引用：a[0]、a[1]、a[2]、a[3]、a[4]。除了下标法，还可以利用指针来引用一维数组，有两种方法：一种是通过数组的指针（数组名）引用一维数组；另一种是通过指针变量引用一维数组。

2)通过数组的指针引用一维数组元素

数组名就是数组的指针,数组名表示数组的首地址。

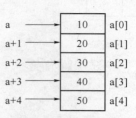

图9-8 数组的指针与一维数组的指向关系

数组名a指向一维数组的第0个元素a[0],a+1指向第1个元素a[1],…,a+4指向第4个元素a[4]。数组的指针与一维数组的指向关系如图9-8所示。

从图9-8所示的指向关系可以看出,通过a、a+1、a+2、a+3、a+4可以间接访问数组的元素,分别为*a、*(a+1)、*(a+2)、*(a+3)、*(a+4)。

若数组元素为a[i],则通过数组的指针引用方式为*(a+i)。

3)通过指针变量引用一维数组元素

可以定义一个指针变量,指向数组的第0个元素,从而对二维数据实现引用。

```
int *p;
p = a;    //指针变量指向数组a的第0个元素
```

同样,p、p+1、p+2、p+3、p+4分别指向数组的各元素:a[0]、a[1]、a[2]、a[3]、a[4]。

因此,既可以通过下标法,也可以通过间接访问运算符(*)来引用数组a中的第i个元素。

(1)下标法:用p[i]来引用a[i]。

(2)通过间接访问运算符(*):用*(p+i)来引用a[i]。

⚠ 注意:

若有语句"int a[5],*p=a,i;",则对数组元素的引用方法有:①a[i];②*(a+i);③p[i];④*(p+i)。

这里的数组名a与指针变量p的引用方式类似,但是a与p有很大区别,a是地址常量,表示首地址,p是指针变量。例如:

a ++ ; // 不合法
p ++ ; // 合法

2. 指针与二维数组

定义一个二维数组:

```
int a[3][4] = {{10,11,12,13},{20,21,22,23},{30,31,32,33}};
```

其中,a为二维数组名,该二维数组有3行4列,共有12个元素。

(1)从嵌套的角度:在第7章中提到过,二维数组可以看成由若干个一维数组组成,将一行看成一个一维数组。二维数组a可以看成由3个一维数组组成,可形象地表示为a[3][4] = {a[0],a[1],a[2]},a[0]表示第0行一维数组,a[1]表示第1行一维数组,a[2]表示第2行一维数组,它们分别由4个元素组成。a[0]、a[1]、a[2]代表三个一维数组名,数组名是数组的首地址,因此它们也可以代表二维数组每行第 0 个元素的地址。

(2)从二维数组的角度:a 是二维数组的首地址,也可以看成第 0 行元素的首地址,a+1 是第 1 行元素的首地址,a+2 是第 2 行元素的首地址。

虽然 a[0]、a[1]、a[2] 与 a、a+1、a+2 的地址值相同,但是它们的基类型不同,a[0]、a[1]、a[2] 的基类型为每行元素的数据类型,a、a+1、a+2 的基类型为行(即长度为 4 的一维数组)。

二维数组与指针的指向关系如图 9-9 所示。

从图 9-9 可以看出,a 与 a[0]、a+1 与 a[1]、a+2 与 a[2] 是指向的关系。因此,等价关系有:*a 与 a[0]、*(a+1) 与 a[1]、*(a+2) 与 a[2]。

二维数组中第 i 行第 j 列元素的地址,表示方法有:&a[i][j]、a[i]+j、*(a+i)+j、*(a+i)[j]。

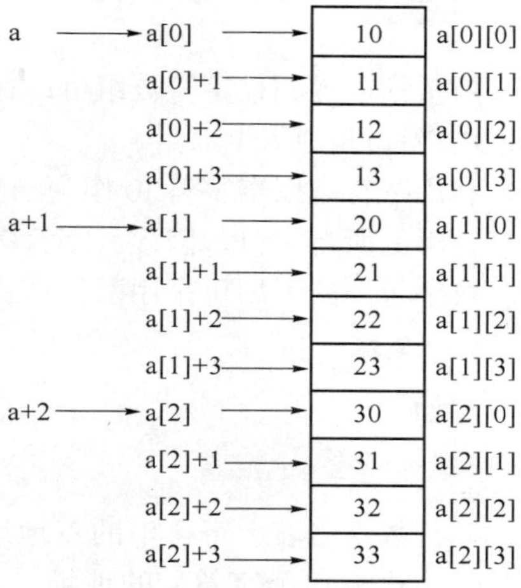

图 9-9 二维数组与指针的指向关系

二维数组 a 除了可以通过下标法,还可以通过间接访问运算符(*)来引用第 i 行第 j 列的元素。表示方法有:a[i][j]、*(a[i]+j)、*(*(a+i)+j)、*(*(a+i)[j])。

3. 行指针

指向二维数组中行数组的指针变量,称为行指针。

行指针定义的一般格式:

数据类型(*指针变量名)[常量表达式]

例如:

```
int a[3][4];        //定义数组
int (*prt)[4];      //定义行指针
```

其中,对于(*prt)[4],*号先与 prt 结合,说明 prt 是一个指针变量,再与说明符[4]结合,说明指针变量 prt 的基类型是一个包含有 4 个 int 型元素的数组。在此,prt 的基类型与 a 的基类型相同。可以有:

```
prt = a;
```

因此,也可以用行指针 prt 引用二维数组 a 的元素,利用行指针 prt 来表示二维数组 a 的对应关系如表 9-1 所示。

表 9-1 行指针与二维数组

行指针 prt	二维数组 a	行指针 prt	二维数组 a
prt[i][j]	a[i][j]	*(*(prt+i)+j)	*(*(a+i)+j)
*(prt[i]+j)	*(a[i]+j)	*(*(prt+i)[j])	*(*(a+i)[j])

9.1.4 指针与字符串

第 7 章中提到过字符数组可以存放字符串，而数组可以用指针进行访问，因此字符串也可以用指针进行访问。

利用字符串以空字符'\0'作为结束符的特点，只要知道一个字符串的首地址，就能找到该字符串的所有字符。因此，字符串的首地址可以表示该字符串。

对字符串的引用可采用两种形式：字符数组、字符指针变量。

1) 字符数组

例如：

```
char s[] = "student";
```

字符数组名表示字符串的首地址，它可以表示字符串。字符数组名 s 既可以表示字符串"student"第 0 个字符's'的地址，也可以表示从's'字符开始到结束符'\0'之间的整个字符串"student"。

例如：

```
puts(s);      //输出字符串"student"
puts(s + 1);  //输出字符串"tudent"
```

2) 字符指针变量

例如：

```
char * str = "student";
```

在定义字符指针变量的同时，存放字符串的存储单元起始地址被赋给指针变量。指针变量 str 指向字符串"student"的第 0 个字符's'，因此，指针变量 str 是字符串"student"的首地址，它可以表示字符串"student"。

例如：

```
puts(str);    //输出字符串"student"
str ++;
puts(str);    //输出字符串"tudent"
```

⚠ **注意：**

字符数组名与字符指针变量都可以表示字符串，它们各有自己的优势。

(1) 由于字符数组名是地址常量，因此不能对其赋值，而字符指针变量可以进行赋值。
s = "teacher";   // 不合法
str = "teacher"; // 合法的

(2) 字符数组在编译时，分配固定的内存单元，有确定的地址值；字符指针变量在定义时，未指向具体字符数据，其值未确定。

9.1.5 指针数组

用指向同一数据类型的指针构成一个数组，该数组就是指针数组。指针数组中的每个元素都是指针变量。

指针数组定义的一般格式：

数据类型 * 数组名[常量表达式];

例如：

```
int *p[3];
```

其中，[ ] 的优先级高于 * 号，因此 p 首先与 [ ] 结合，构成 p[3]，说明 p 是一个数组，它包含 3 个元素，分别为 p[0]、p[1]、p[2]。前面的 "int *" 则说明数组 p 的每个元素都是整型指针。

指针数组既可以引用二维数组，也可以引用字符串数组。

1）指针数组引用二维数组

例如：

```
int a[3][4],i;
for(i=0;i<3;i++)p[i]=a[i];
```

因此，也可以用指针数组 p 来引用二维数组 a 的元素。利用指针数组 p 表示二维数组 a 的对应关系示例如表 9-2 所示。

表 9-2 指针数组与二维数组的对应关系示例

指针数组 p	二维数组 a	指针数组 p	二维数组 a
p[i][j]	a[i][j]	*(*(p+i)+j)	*(*(a+i)+j)
*(p[i]+j)	*(a[i]+j)	*(*(p+i)[j])	*(*(a+i)[j])

2）指针数组引用字符串数组

字符串数组就是数组中的每个元素都是一个字符串的数组。利用 C 语言中数据构造的特点，很容易实现这一数据结构。主要有以下两种实现方法：

（1）二维字符数组。例如：

```
char name[3][5]={"Li","Wu","Wang"};
```

各字符串在内存中的存储情况如图 9-10 所示。

（2）指针数组。例如：

```
char *pname[3]={"Li","Wu","Wang"};
```

各字符串在内存中的存储情况如图 9-11 所示。

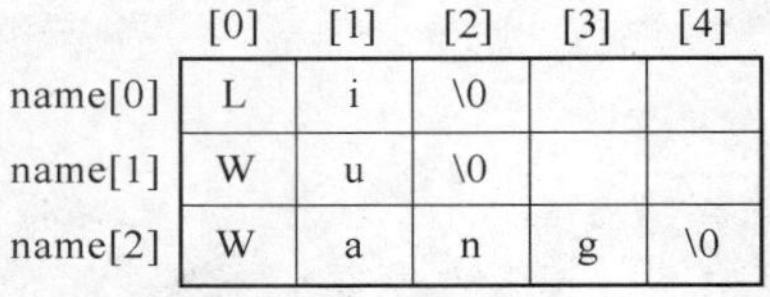

图 9-10 二维字符数组与字符串数组关系

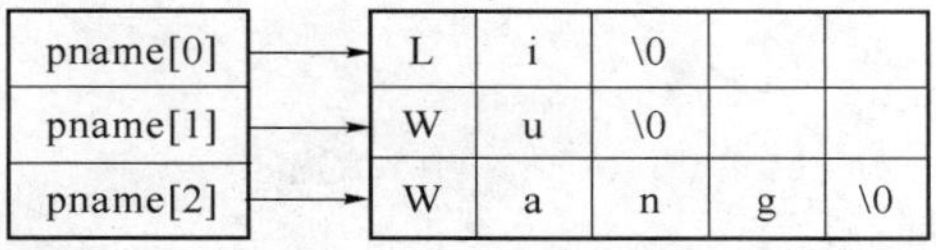

图 9-11 指针数组与字符串数组关系

9.1.6 指针与函数

1. 指针变量作为函数的参数

在第 6 章中介绍过,当简单变量作为函数参数时,数据传递方式是值传递。函数在调用时,形参的变化不会引起实参的变化。在函数中,处理后的数据虽然可以通过 return 语句返回,但其局限性是调用一次函数只能返回一个数据。

当指针变量作为函数参数时,数据传递方式是地址传递。其特点是通过传送地址值,可以在被调用函数中对调用函数中的变量进行引用,从而可以通过形参来改变对应实参的值。

若函数的形参为指针类型,则调用该函数时,对应的实参必须是基类型相同的地址值,或是已指向某个存储单元的指针变量。

1) 形参为指针变量,实参为地址值

例如:

```c
#include<stdio.h>
void fun(int *x)//形参为指针变量
{
    *x+=5;
}
void main()
{
    int a=0;
    printf("(1)a=%d\n",a);
    fun(&a);      //实参为地址值
    printf("(2)a=%d\n",a);
}
```

2) 形参为指针变量,实参为指针变量

例如:

```c
#include<stdio.h>
void fun(int *x)//形参为指针变量
{
    *x+=5;
}
void main()
{
    int a=0,*p=&a;
    printf("(1)a=%d\n",a);
    fun(p);       //实参为指针变量
    printf("(2)a=%d\n",a);
}
```

2. 数组名作为函数的参数

在第 7 章中介绍过，数组名作为函数参数时，实参是数组名，对应函数（fun）首部中的形参有三种形式：fun(int b[ ])、fun(int b[M])、fun(int b[ ],int n)。

数组名作为函数参数时，数据的传递方式是地址传递，实参数组与形参数组共用相同的存储区域。调用函数时，实际传送给函数的是数组的起始地址，即指针。因此，实参可以是数组名或指向数组的指针变量。被调函数的形参既可以说明为以上三种的数组形式，也可以说明为指针变量。因此，数组名作为函数形参有第四种形式：fun（int *p）。

3. 函数的返回值为指针

函数的类型是由其返回值的类型来标识的。如果函数返回值的类型是指针，那么这个函数的类型就是指针型函数。它的一般格式如下：

```
数据类型 * 函数名(参数表)
{
  说明部分;
  执行部分;
}
```

求两个数的较小值的程序应用代码如下：

```c
#include<stdio.h>
int *fun(int *a,int *b)
{
    if(*a<*b)return a;      //返回值为指针
    return b;               //返回值为指针
}
main()
{
    int *p,x,y;
    printf("Enter two numbers:");
    scanf("%d%d",&x,&y);
    p=fun(&x,&y);
    printf("min=%d\n",*p);
}
```

9.1.7　指向指针的指针

指针变量本身是一种变量，因此在内存中有相应的存储单元，也可以用一个特殊的变量来存放指针变量的地址。这种用于存放指针变量地址的变量称为指向指针的指针变量，简称指向指针的指针，俗称二级指针。

指向指针的指针定义的一般格式如下：

```
数据类型 **指针变量名;
```

例如：

```
int **p,*s,k=20;
s=&k;
p=&s;
```

其中，s 是一级指针，当 s 获得整型变量 k 的地址后，s 指向 k；p 是二级指针，当 p 获得一级指针 s 的地址后，p 指向 s。二级指针 p、一级指针 s 及简单变量 k 之间的关系如图 9-12 所示。

图 9-12 二级指针、一级指针与简单变量的指向关系

通过一级指针间接访问最终对象时，使用一个间接运算符（*）；通过二级指针间接访问最终对象时，必须使用两个间接运算符（**）。

例如：

```
*s=30;  //s 指向的 k 的值变为 30
**p=40; //p 指向的 s 指向的 k 的值变为 40
```

运算符 * 的结合性是从右到左，因此 **p 相当于 *(*p)，*p 表示 p 的指向的对象 s。因此，等价关系有：*s 与 k、*p 与 s、**p 与 *s、**p 与 k。

9.2 典型案例

9.2.1 案例 1：间接访问运算符的应用

1. 案例描述

在以下程序段中，定义指针变量 p，指向字符型数据，定义字符型变量 a，该程序段的功能是实现通过指针 p 来间接访问变量 a。请判断在执行该程序段后，变量 a 的值。

```
char a='#',*p;
p=&a;
*p='$';
```

2. 案例分析

初学指针，通过画图理解指针是个不错的方法。p 是指针变量，当执行"p=&a"后，p 指向了变量 a 的存储单元。它们的指向关系如图 9-13 所示。

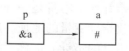

图 9-13 p 与 a 指向关系的建立

指针的指向关系建立后,利用间接访问运算符 *,就可以通过指针来访问指针所指向的对象。*p 可以间接访问 p 所指向的变量 a,*p 变成什么,a 就变成什么。

9.2.2 案例 2:指针与数组的应用

1. 案例描述

定义函数 void fun(int *pa,int n)。函数实现利用指针访问的方法,将指针指向的数组中同时被 3 和 5 整除的元素清 0。在主函数中定义数组 int a[N] = {10,20,30,40,50,60},N 为符号常量),并输出数组,然后调用 fun 函数,输出新的数组。运行结果示例如图 9-14 所示。

图 9-14 案例 2 运行结果示例

2. 案例分析

1) 定义函数 fun(int *pa,int n)

指针变量 pa 作为形参,指向主调函数中数组 a,利用指针变量 pa 可以对数组进行操作。利用指针 pa 引用数组元素 a[i],主要有两种使用方法:pa[i] 和 *(pa+i)。形参 n 为指针变量 pa 所指向的数组的长度。

2) 定义函数 priarr(int *pa,int n)

主函数中数组输出两次,因此定义一个函数用于实现数组输出,该函数能够使程序结构更好,代码更简洁。形参指针变量 pa 指向主调函数中的数组 a,其使用方法同 1)。

3) 主函数

主函数主要实现数组输出、调用函数等。在本案例中,主函数的执行顺序:定义数组 a→调用函数 priarr→调用函数 fun→调用函数 priarr。

⚠ **注意:**

利用指针 pa 引用数组元素 a[i] 除了已介绍的两种常用方法外,还可以利用指针移动运算来引用数组元素。采用此方法,本案例的数组输出代码段如下:

```
int i;
for(i=0;i<n;i++,pa++)
    printf("%3d",*pa);
```

9.2.3 案例 3:指针与字符串的应用

1. 案例描述

编写程序,程序的功能是:利用指针定义字符串,输入字符串,将该字符串中的数字字符改写成逗号，其他字符不变，重新输出新字符串。运行结果示例如图 9 – 15 所示。

图 9 – 15　案例 3 运行结果示例

2. 案例分析

（1）由于指针变量定义时其未指向具体字符数据，其值未确定。为了避免出现内存错误，在利用指针变量引用字符串时，往往先定义字符数组存放字符串，再利用指针变量指向该字符数组实现指针对字符串的引用。

例如，字符串定义的代码如下：

```
char s[N],*p=s;
```

（2）字符串其实就是一个一维的字符数组，因此利用指针变量引用字符串时，与指针变量引用一维数组类似。利用指针变量 p 引用字符串中第 i 个字符的主要形式有：p[i] 和 *(p+i)。

此外，还可以利用指针移动运算的方法来引用字符串。主要形式：*p。注意：采用此方法时，应在循环体中增加语句 "p++;"。

（3）对字符串的处理与第 7 章中对字符串的处理一样，通常用 while 语句来实现操作，循环条件表达式：p[i]! = '\0'。

9.2.4　案例 4：利用函数交换数据

1. 案例描述

定义函数 swap，该函数能够实现交换调用函数中两个变量的数据；在主函数中定义两个变量并赋初值，输出这两个变量的原值，调用函数并输出这两个变量的新值。运行结果示例如图 9 – 16 所示。

2. 案例分析

在第 6 章中介绍过函数参数传递方式，当参数是简单变量时，调用函数与被调用函数之间的数据传递方式是值传递，数据只能从实参单向传递给形参。

例如，如执行以下程序代码，其运行结果如图 9 – 17 所示。

图 9 – 16　案例 4 运行结果示例　　　图 9 – 17　值传递运行结果

```
#include<stdio.h>
void swap(int,int);
main()
{
    int x=30,y=20;
    printf("交换前:x=%d y=%d\n",x,y);
    swap(x,y);
    printf("交换后:x=%d y=%d\n",x,y);
}
void swap(int a,int b)
{
    int t;
    t=a;a=b;b=t;
}
```

当参数是指针变量时，情况有所不同。调用函数与被调用函数之间的数据传递方式是地址传递，在被调用函数中可以实现对调用函数中的变量进行引用，从而可以通过形参来改变对应实参的值。若想通过函数实现两数交换，则修改代码如下：

（1）函数形参修改为指针变量：

```
void swap(int *a,int *b)
```

（2）在函数体中，利用间接访问运算符，通过指针变量对调用函数中的变量 x、y 的值进行交换：

```
t=*a;*a=*b;*b=t;
```

（3）在主函数中，调用语句中的实参分别为 x、y 变量的地址：

```
swap(&x,&y)
```

⚠ **注意：**

参数是指针时，虽然函数之间数据传递方式是地址传递，但要想通过形参来改变对应实参的值，就必须使用间接访问运算符，否则也无法改变对应实参的值。例如，执行如下 swap 函数体中的代码段，将无法实现主函数中两个数据的交换。

```
int *t;    //t为指针变量
t=a;a=b;b=t;
```

9.2.5 案例5：利用指针传递数据

1. 案例描述

定义一个函数 proc(int a,int b,int *c)，该函数实现将两个两位数的正整数 a、b 合并为一个整数，赋值给 c 数。合并的方式：将 a 数的十位数和个位数依次放在 c 数的个位和十位上，

b 数的十位数和个位数依次放在 c 数的百位和千位上。主函数中输入两个数 a，b，调用函数，最终输出 c。运行结果示例如图 9-18 所示。

图 9-18 案例 5 运行结果示例

2. 案例分析

在该函数中，整合以后的数据 c 需要传递回调用函数，有两种方法：一种是利用 return 语句；另一种是利用指针。

1）利用 return 语句传递数据

代码如下：

```c
#include <stdio.h>
int proc(int a,int b)
{
    int c;
    /*求两位整数 x 的个位数:x%10;*/
    /*求两位整数 x 的十位数:x/10;*/
    c = (a/10) + (a%10)*10 + (b/10)*100 + (b%10)*1000;
    return c;    //通过 return 语句返回值 c
}
main()
{
    int a,b,c;
    printf("Input a,b:");
    scanf("%d%d",&a,&b);
    c = proc(a,b);
    printf("The result is: %d\n",c);
}
```

2）利用指针传递数据

数据 c 通过指针传回，不需要返回值，因此该函数的数据类型为 void。定义形参 c 为指针变量，void proc(int a,int b,int *c)，形参 c 指向主函数中的整型变量 c，通过间接访问符 *c 来改变主函数中实参 c 的值，从而实现数据传递。

9.2.6 案例 6：指针与函数的综合应用

1. 案例描述

定义一个函数 proc(int m,int *a,int *n)，该函数求出 1~m（含 m）能被 7 或 11 整除的

所有整数,并将其放在数组 a 中。数组 a 指向调用函数中的数组,其长度通过指针 n 传回调用函数。主函数定义数组 arr 及数组长度 n,调用函数,输出数组。运行结果示例如图 9-19 所示。

图 9-19 案例 6 运行结果示例

2. 案例分析

(1) 指针变量 a 作为形参指向主函数中的数组 arr,在 proc 函数中利用指针变量 a 来引用数组 arr,实现对数组 arr 的操作。

(2) 指针变量 n 作为形参指向主函数中的整型变量 n,通过间接访问运算符 *n 来改变主函数中实参 n 的值,实现将数组长度数据传回主函数。

9.2.7 案例 7:二级指针的应用

1. 案例描述

定义指针变量 p 指向整型数据 n,定义二级指针 q 指向一级指针 p,以下程序段的功能是实现通过一级指针 p 与二级指针 q 来间接访问变量 n。请判断执行该程序段后变量 n 的值。

```
int n = 0, * p = &n, ** q = &p;
* p = 5;
** q = 8;
```

2. 案例分析

整型变量 n、一级指针 p 和二级指针 q 的指向关系如图 9-20 所示。

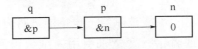

图 9-20 q、p 和 n 的指向关系

```
p = &n    //一级指针 p 指向整型变量 n
q = &p    //二级指针 q 指向一级指针 p
```

通过一级指针 p 与二级指针 q 都可以间接访问 n,它们的等价关系如表 9-3 所示。

表 9-3 指针数组与二维数组

变量名	说明	等价于
n	整型变量	*p、**q
p	一级指针	*q
q	二级指针	—

9.3 本章小结

在本章学习中，首先要掌握指针变量的定义、引用以及运算，其次要掌握指针与数组和字符串的关系、指针数组的定义和使用，学会通过指针引用一维和二维数组中的元素以及使用字符指针变量，最后要掌握指针与函数的关系、指向指针的指针的定义和使用。

1. 指针变量

指针变量定义的一般格式：

数据类型 * 指针变量名

指针变量的注意事项：

（1）学会用图示法来分析指针变量，弄清楚地址与存储单元的关系。

（2）指针变量是专门用来存放地址的，对于简单变量，可以通过取地址运算符 & 来获得地址值再赋值给指针变量。

（3）把一个指针变量赋值给另一个指针变量后，它们指向了同一个存储单元，两个变量关联在一起；而简单变量之间的赋值是直接把值传给另一个变量，它们是没有关联的。

（4）取地址运算符 & 的运算对象只能是变量或者数组元素，表示取地址；间接访问运算符 * 的运算对象只能是指针变量或者地址，表示取数据。

（5）指针与整数的加减运算实际上是对指针进行移动，而不是对存储单元的值进行运算。

（6）空指针可以用 NULL、0 或者 '\0' 表示。

（7）指针变量既可以相互比较，也可以直接和空值比较，比较的是地址值。

2. 指针与数组的注意事项

（1）数组名是一个地址常量，不能被赋值，也不能进行自增或者自减运算。

（2）可以通过数组的指针或者指针变量来引用一维数组元素，一般先对指针进行偏移运算，再用间接访问运算符 * 取出元素的值。例如，要引用一维数组 a 中第二个元素 a[1] 的值，可以通过 *(a+1) 来引用。

（3）二维数组的数组名也是一个行指针，指向一维数组的首地址。因此，要想引用二维数组中的元素，就必须先移动行指针指向对应的一维数组，再移动指针指向对应列的元素。例如，要引用二维数组 a 中的 a[2][3] 这个元素，先通过 *(a+2) 把指针移动到第三行一维数组的首地址的位置，再通过 *(*(a+2)+3) 把指针移动到一维数组的第四列元素的位置，取出元素的值。

3. 指针与字符串

用字符数组名表示字符串时，不能对数组名进行赋值，但可以对字符数组中的字符进行修改；用字符指针变量表示字符串时，可以对指针变量进行赋值，但不能修改字符串的值。

4. 指针数组

指针数组定义的一般格式：

数据类型 * 数组名[常量表达式]；

在指针数组中的所有元素保存的都是指针，通常也可以使用一维的指针数组来引用二维数组或者字符串数组中的元素，引用方法与二维数组类似，要特别注意与行指针的区别。例如，"int(*p)[4];"定义了行指针 p，是一个指针型变量，可以直接被赋值，只占用 4 字节的存储空间，而"int *p[4];"定义了指针数组 p，为地址常量，不能直接被赋值，占用 16 字节的存储空间。

5. 指针与函数的注意事项

（1）指针变量或者数组名作为函数参数时，数据传递方式是地址传递，形参和实参指向同一存储单元，因此对存储单元值的修改会相互影响。

（2）指针型函数的返回值为指针。注意：在函数中，return 语句返回的数据必须是一个地址。

6. 指向指针的指针

指向指针的指针定义的一般格式如下：

数据类型 **指针变量名；

指向指针的指针也称为二级指针，存放的是一级指针的地址，而一级指针存放的是变量的地址，因此要通过二级指针间接访问最终对象时，必须使用两个间接运算符，即"**"。

7. 概念总结

指针数据类型的重要概念总结如表 9-4 所示。

表 9-4 指针数据类型的重要概念总结

定 义	含 义
int *p;	p 为指向整型数据的指针变量
int **p;	p 是一个二级指针，它指向一个指向整型数据的指针变量的指针
int *p[n];	p 为指针数组，它由 n 个指向整型数据的指针元素组成
int(*p)[n];	p 为指向含 n 个元素的一维数组的指针变量，也称为行指针
int *p();	p 为指针型函数，返回值为指向整型数据的指针

习 题

1. 阅读下列程序，写出程序的运行结果

（1）以下程序的运行的结果是_____。

```c
#include<stdio.h>
int main()
{
    int x[] = {1,2,3,4,5,6,7,8,9,10,11,12,13,14,15,16},*p[4],i;
    for(i=0;i<4;i++)
    {
        p[i] = &x[2*i+1];
        printf("%d,",p[i][0]);
    }
    printf("\n");
    return 0;
}
```

(2) 当从键盘输入：abc<回车>123<回车>，以下程序的运行结果是_____。

```c
#include<stdio.h>
void main()
{
    char a[20],b[20],*p=a,*q=b;
    gets(a);
    gets(b);
    while(*p++);
        p--;
    while(*q)
        *p++=*q++;
    *p='\0';
    puts(a);
}
```

(3) 以下程序的运行结果是_____。

```c
#include<stdio.h>
#define N 5
int fun(char *s,char a,int n)
{
    int j;
    *s=a; j=n;
    while(a<s[j])
        j--;
    return j;
}
main()
{
    char s[N+1];int k;
    for(k=1;k<=N;k++)
        s[k]='A'+k+1;
    printf("%d\n",fun(s,'E',N));
}
```

（4）以下程序的运行结果是_____。

```c
#include<stdio.h>
void swap(int *a,int *b)
{
    int t;
    t=*a;*a=*b;*b=t;
}
main()
{
    int x=3,y=5,*p=&x,*q=&y;
    swap(p,q);
    printf("%d,%d\n",*p,*q);
}
```

（5）以下程序的运行结果是_____。

```c
#include<stdio.h>
void fun(char *c,int d)
{
    *c=*c+1;d=d+1;
    printf("%c,%c,",*c,d);
}
main()
{
    char a='A',b='a';
    fun(&b,a);
    printf("%c,%c\n",a,b);
}
```

2. 补充下列程序

（1）定义一个包含10个元素的数组，输入数组元素后，将每个元素与对应下标相乘，然后输出该数组。

```c
#include<stdio.h>
void main()
{
    int a[10],i;
    int *p;
    for(_____;p<a+10;p++)
        scanf("%d",p);
    for(i=0,p=a;i<10;i++,p++)
        *p=*p*_____;
    for(p=a;p<a+10;p++)
        printf("%5d",_____);
}
```

(2) 编写函数，对具有5个元素的字符型数组，从下标为3的数组元素开始，全部设置"#"，保持前3个元素的内容不变。

```c
#include<stdio.h>
#define M 5
void set(char *,int);
void arrout(char *,int);
main()
{
    char c[M]={'A','B','C','D','E'};
    set(&c[3],M-3);
    arrout(_____, M);
}
void set(char *a, int n)
{
 int i;
 for(i=0;i<_____;i++)
    _____='#';
}
void arrout(char *a,int n)
{
    int i;
    for(i=0;i<n;i++)printf("%c",a[i]);
    printf("\n");
}
```

(3) 下面程序实现如下功能：输入一个字符串，将字符串倒序后输出。例如，输入"ABCD"，则输出"DCBA"。

```c
#include<stdio.h>
int main()
{
  char a[20],*p,*q,t;
      _____;
   q=a;
   while(_____)
    q++;
    q--;
    p=a;
    while(p<q)
     {
       t=*p;*p=*q;*q=t;
        p++;
        _____;
     }
   puts(a);
   return 0;
}
```

（4）以下 proc 函数的功能是将字符数组 str 中字符下标为奇数的小写字母转换成对应的大写字母，结果仍保存在原字符数组中。例如，输入"abcdefg"，输出"aBcDeFg"。

```c
#include<stdio.h>
#define M 80
void proc(char * str)
{
    int i = 0;
    while(_____)
    {
        if(i%2! = 0)
            str[i] -= _____;
        _____;
    }
}
void main()
{
    char str[M];
    printf("Enter the string:\n");
    gets(str);
    proc(str);
    printf("The new string:\n");
    puts(str);
}
```

3. 编写下列程序

（1）数字排序。利用指针的方法，编程实现以下功能：输入 3 个整数，按从小到大的顺序输出。运行结果示例如图 9-21 所示。

图 9-21 "数字排序"运行结果示例

（2）查找元素。已知主函数中定义 int a[ ] = {1,2,3,4,5,3,8,1};，编写 search 函数，从键盘上输入一个整数 n，查找与 n 相同的第一个数组元素，如果存在，则输出其下标值，如果不存在，则返回一个负数，并输出不存在的提示信息。search 函数定义：int search(int * a,int m,int n)，参数 a 是指向某一数组首地址的指针，m 是该数组中元素的个数，n 是被查找的数。运行结果示例如图 9-22 所示。

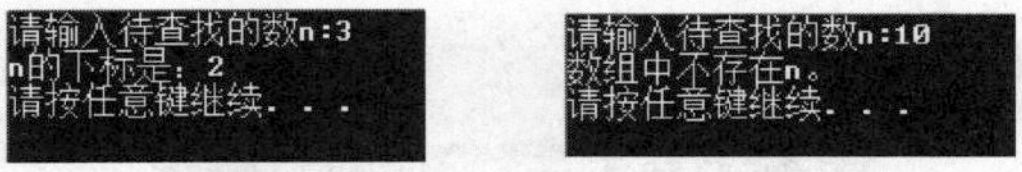

(a)　　　　　　　　(b)

图 9-22 "查找元素"运行结果示例

(a) 输入有效值时的运行结果示例；(b) 输入无效值时的运行结果示例

(3) 判断回文字符串。请编写函数 fun,该函数的功能是判断字符串是否为回文,若是,则函数返回 1,主函数中输出 "YES!",否则返回 0,主函数中输出 "NO!"。回文字符串是指顺着读和倒着读都一样的字符串。运行结果示例如图 9-23 所示。

图 9-23 "判断回文字符串"运行结果示例

(a) 输入回文字符串的运行结果示例;(b) 输入非回文字符串的运行结果示例

(4) 依次输出数字字符。定义一个字符数组,利用指针的方法,将字符数组中的数字字符依次输出。运行结果示例如图 9-24 所示。

图 9-24 "依次输出数字字符"运行结果示例

(5) 循环右移。编写一个函数,利用指针作为游标,实现一维数组元素的循环右移。主函数中输入循环右移的次数,调用函数,输出新数组。运行结果示例如图 9-25 所示。

图 9-25 "循环右移"运行结果示例

(6) 计算子串出现的次数。计算字符串中子串出现的次数,运用指针的方法实现。运行结果示例如图 9-26 所示。

图 9-26 "计算子串出现的次数"运行结果示例

(7) 删除前导星号。编写一个程序,将字符串中的前导*号全部删除,中间和后面的*号不删除。运行结果示例如图 9-27 所示。

要求:

①在主函数中输入字符串,调用函数,输出新字符串。

②在被调函数 void fun(char *str) 中完成删除。

图 9-27 "删除前导星号"运行结果示例

(8) 寻找最大值。已知在主函数中定义"int a[ ] = {1,3,2,19,0};",在主函数中调用 f 函数,找出数组 a 中的最大数并输出。f 函数定义为"int *f(int *p, int n);",其功能是找出从 p 地址开始的 n 个整型数据中的最大值。运行结果示例如图 9-28 所示。

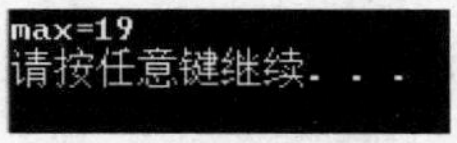

max=19
请按任意键继续...

图 9-28 "寻找最大值"运行结果示例

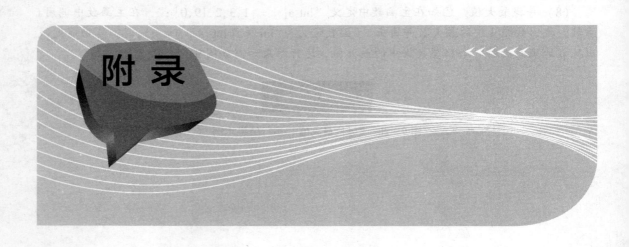

附录1　C语言的关键字

auto	break	case	char	const
continue	default	do	double	else
enum	extern	float	for	goto
if	int	long	register	return
short	signed	sizeof	static	struct
switch	typedef	unsigned	union	void
volatile	while			

附录2　运算符的优先级和结合性

优先级	运算符	运算符的功能	运算类别	结合方向
15（最高）	( )	圆括号、函数参数表		从左到右
	[ ]	数组元素下标		
	->	指向结构体成员		
	.	结构体成员		
14	!	逻辑非	单目运算	从右到左
	~	按位取反		
	++、--	自增1、自减1		
	+	求正		
	-	求负		
	*	间接运算符		
	&	求地址运算符		
	（类型名）	强制类型转换		
	sizeof	求所占字节数		
13	*、/、%	乘、除、整数求余	双目算术运算	从左到右
12	+、-	加、减	双目算术运算	从左到右
11	<<、>>	左移、右移	移位运算	从左到右
10	<	小于	关系运算	从左到右
	<=	小于或等于		
	>	大于		
	>=	大于或等于		
9	==	等于	关系运算	从左到右
	!=	不等于		
8	&	按位与	位运算	从左到右
7	^	按位异或	位运算	从左到右
6	|	按位或	位运算	从左到右
5	&&	逻辑与	逻辑运算	从左到右
4	||	逻辑或	逻辑运算	从左到右
3	? :	条件运算	三目运算	从右到左
2	=	赋值	双目运算	从右到左
	+=、-=、*=、/=、%=、&=、^=、!=、<<=、>>=	运算且赋值		
1（最低）	,	顺序求值	顺序运算	从左到右

说明：同一优先级的运算次序由结合方向决定。例如，*号和/号有相同的优先级，其结合方向为从左到右，因此3*5/4的运算次序是先乘后除。单目运算符--和++具有同一优先级，结合方向为从右到左，因此表达式--i++相当于--(i++)。

附录3 常用字符与ASCII码对照表

ASCII码	字符	ASCII码	字符	ASCII码	字符	ASCII码	字符	ASCII码	字符	ASCII码	字符
000	NUL	022	SYN(^V)	044	,	066	B	088	X	110	n
001	SOH(^A)	023	ETB(^W)	045	-	067	C	089	Y	111	o
002	STX(^B)	024	CAN(^X)	046	.	068	D	090	Z	112	p
003	ETX(^C)	025	EM(^Y)	047	/	069	E	091	[	113	q
004	EOT(^D)	026	SUB(^Z)	048	0	070	F	092	\	114	r
005	EDQ(^E)	027	ESC	049	1	071	G	093	]	115	s
006	ACK(^F)	028	FS	050	2	072	H	094	^	116	t
007	BEL(bell)	029	GS	051	3	073	I	095	_	117	u
008	BS(^H)	030	RS	052	4	074	J	096	`	118	v
009	HT(^I)	031	US	053	5	075	K	097	a	119	w
010	LF(^J)	032	Space	054	6	076	L	098	b	120	x
011	VT(^K)	033	!	055	7	077	M	099	c	121	y
012	FF(^L)	034	"	056	8	078	N	100	d	122	z
013	CR(^M)	035	#	057	9	079	O	101	e	123	{
014	SO(^N)	036	$	058	:	080	P	102	f	124	|
015	SI(^O)	037	%	059	;	081	Q	103	g	125	}
016	DLE(^P)	038	&	060	<	082	R	104	h	126	~
017	DC1(^Q)	039	'	061	=	083	S	105	i	127	del
018	DC2(^R)	040	(	062	>	084	T	106	j		
019	DC3(^S)	041	)	063	?	085	U	107	k		
020	DC4(^T)	042	*	064	@	086	V	108	l		
021	NAK(^U)	043	+	065	A	087	W	109	m		

说明：表中用十进制数表示ASCII码值。符号^代表【Ctrl】键。

附录4 库函数

标准C提供了数百个库函数，本附录仅从教学角度列出最基本的一些函数。读者如有需要，请查阅有关手册。

1. 数学函数

调用数学函数时，在源文件中必须包含头文件 math.h。

函数名	函数原型说明	功能	返回值	说明
abs	int abs(int x);	求整数 x 的绝对值	计算结果	
acos	double acos(double x);	计算 $\cos^{-1}x$ 的值	计算结果	x 在 -1 到 1 范围内
asin	double asin(double x);	计算 $\sin^{-1}x$ 的值	计算结果	x 在 -1 到 1 范围内
atan	double atan(double x);	计算 $\tan^{-1}x$ 的值	计算结果	
atan2	double atan2(double x,double y);	计算 $\tan^{-1}(x/y)$ 的值	计算结果	
cos	double cos(double x);	计算 $\cos x$ 的值	计算结果	x 的单位为弧度
cosh	double cosh(double x);	计算双曲余弦 $\cosh x$ 的值	计算结果	
exp	double exp(double x);	求 e^x 的值	计算结果	
fabs	double fabs(double x);	计算 x 的绝对值 $\lvert x \rvert$	计算结果	
floor	double floor(double x);	求不大于 x 的双精度最大整数		
fmod	double fmod(double x,double y);	求 x/y 整除后的双精度余数		
frexp	double frexp(double val,int * exp);	把双精度数 val 分解为数 x 和以 2 为底的指数 n，即 $val = x \times 2^n$，n 存放在 exp 所指的变量中	返回尾数 x，$0.5 \leq x < 1$	
log	double log(double x);	求 $\ln x$	计算结果	$x > 0$
log10	double log10(double x);	求 $\log_{10} x$	计算结果	$x > 0$

续表

函数名	函数原型说明	功能	返回值	说明
modf	double modf(double val,double * ip);	把双精度数 val 分解成整数部分和小数部分,整数部分存放在 ip 所指的变量中	返回小数部分	
pow	double pow(double x,double y);	计算 x^y	计算结果	x 的单位为弧度
sin	double sin(double x);	计算 sin x 的值	计算结果	
sinh	double sinh(double x);	计算 x 的双曲正弦函数 sinh x 的值	计算结果	
sqrt	double sqrt(double x);	计算 $\sqrt{x}$	计算结果	$x \geq 0$
tan	double tan(double x);	计算 tan x	计算结果	
tanh	double tanh(double x);	计算 x 的双曲正切函数 tanh x 的值	计算结果	

2. 字符函数和字符串函数

调用字符函数时,在源文件中必须包含头文件 ctype.h;调用字符串函数时,在源文件中必须包含头文件 string.h。

函数名	函数原型说明	功能	返回值
isalnum	int isalnum(int ch);	检查 ch 是否为字母或数字	是,返回1;否则,返回0
isalpha	int isalpha(int ch);	检查 ch 是否为字母	是,返回1;否则,返回0
iscntrl	int iscntrl(int ch);	检查 ch 是否为控制字符	是,返回1;否则,返回0
isdigit	int isdigit(int ch);	检查 ch 是否为数字	是,返回1;否则,返回0
isgraph	int isgraph(int ch);	检查 ch 是否为 ASCII 码值在 ox21 到 ox7e 的可打印字符(即不包含空格字符)	是,返回1;否则,返回0
islower	int islower(int ch);	检查 ch 是否为小写字母	是,返回1;否则,返回0
isprint	int isprint(int ch);	检查 ch 是否为包括空格在内的可打印字符	是,返回1;否则,返回0
ispunct	int ispunct(int ch);	检查 ch 是否为除了空格、字母、数字之外的可打印字符	是,返回1;否则,返回0
isspace	int isspace(int ch);	检查 ch 是否为空格、制表符或换行符	是,返回1;否则,返回0

续表

函数名	函数原型说明	功能	返回值
isupper	int isupper(int ch);	检查 ch 是否为大写字母	是,返回1;否则,返回0
isxdigit	int isxdigit(int ch);	检查 ch 是否为16进制数字	是,返回1;否则,返回0
strcat	char * strcat(char * s1, char * s2);	把字符串 s2 接到 s1 后面	s1 所指地址
strchr	char * strchr(char * s, int ch);	在 s 所指的字符串中,找出第一次出现字符 ch 的位置	返回找到的字符的地址,若找不到,就返回 NULL
strcmp	int strcmp(char * s1, char * s2);	对 s1 和 s2 所指的字符串进行比较	s1 < s2,返回负数; s1 = s2,返回 0; s1 > s2,返回正数
strcpy	char * strcpy(char * s1, char * s2);	把 s2 指向的字符串复制到 s1 指向的空间	s1 所指地址
strlen	unsigned strlen(char * s);	求字符串 s 的长度	返回字符串中的字符(不计最后的'\0')个数
strstr	char * strstr(char * s1, char * s2);	在 s1 所指的字符串中,找出字符串 s2 第一次出现的位置	返回找到的字符串的地址,若找不到,就返回 NULL
tolower	int tolower(int ch);	把 ch 字母转换成小写字母	返回对应的小写字母
toupper	int toupper(int ch);	把 ch 字母转换成大写字母	返回对应的大写字母

3. 输入输出函数

调用输入输出函数时,要求在源文件中必须包含头文件 stdio.h。

函数名	函数原型说明	功能	返回值
clearerr	void clearerr(FILE * fp);	清除与文件指针 fp 有关的所有出错信息	无
fclose	int fclose(FILE * fp);	关闭 fp 所指的文件,释放文件缓冲区	出错,返回非 0;否则,返回 0
feof	int fclose(FILE * fp);	检查文件是否结束	遇文件结束,返回非 0;否则,返回 0
fgetc	int fgetc(FILE * fp);	从 fp 所指的文件中取得下一个字符	出错,返回 EOF;否则,返回所读字符
fgets	char * fgets(char * buf, int n, FILE *fp);	从 fp 所指的文件中读取一个长度为 n-1 的字符串,将其存入 buf 所指的存储区	返回 buf 所指地址,若遇文件结束或出错返回 NULL

续表

函数名	函数原型说明	功能	返回值
fopen	FILE * fopen (char * filename, char * mode);	以 mode 指定的方式打开名为 filename 的文件	成功，返回文件指针（文件信息区的起始地址）；否则，返回 NULL
fprintf	int fprintf(FILE * fp,char * format,args,…);	把 args 等的值以 format 指定的格式输出到 fp 所指定的文件中	实际输出的字符数
fputc	int fputc(char ch,FILE * p);	把 ch 中字符输出到 fp 所指的文件	成功，返回该字符；否则，返回 EOF
fputs	int fputs(char * str,FILE * fp);	把 str 所指的字符串输出到 fp 所指的文件	成功，返回非负整数；否则，返回 -1（EOF）
fread	int freud(char * pt,unsigned size, unsigned n,FILE * fp);	从 fp 所指的文件中读取长度为 size 的 n 个数据项，存到 pt 所指的文件中	读取的数据项个数
fscanf	int fscanf(FILE * fp,char * format,args,…);	从 fp 所指定的文件中按 format 指定的格式把输入数据存入 args 等所指的内存中	已输入的数据个数，遇文件结束（或出错），就返回 0
fseek	int fseek(FILE * fp,long offer, int base);	移动 fp 所指文件的位置指针	成功，返回当前位置；否则，返回非 0
ftell	long ftell(FILE * fp);	求出 fp 所指文件当前的读写位置	读写位置，若出错则返回 -1L
fwrite	int fwrite(char * pt,unsigned size, unsigned n,FILE * fp);	把 pt 所指向的 n×size 个字节输出到 fp 所指文件中	输出的数据项个数
getc	int getc(FILE * fp);	从 fp 所指文件中读取一个字符	返回所读字符，若出错或文件结束，就返回 EOF
getchar	int getchar(void);	从标准输入设备读取下一个字符	返回所读字符，若出错或文件结束，则返回 -1
gets	char * gets(char * s);	从标准设备读取一行字符串放入 s 所指存储区，用'\0'替换读入的换行符	返回 s，若出错，则返回 NULL
printf	int printf(char * format,args,…);	把 args 等的值以 format 指定的格式输出到标准输出设备	输出字符的个数
putc	int putc(int ch,FILE * fp);	同 fputc	同 fpute

续表

函数名	函数原型说明	功能	返回值
putchar	int putchar(char ch);	把 ch 输出到标准输出设备	返回输出的字符,若出错,则返回 EOF
puts	int puts(char * str);	把 str 所指字符串输出到标准设备,将'\0'转换成回车换行符	返回换行符,若出错,则返回 EOF
rename	int rename(char * oldname, char * newname);	把 oldname 所指文件名改为 newname 所指文件名	成功,返回 0;出错,返回 -1
rewind	void rewind(FILE * fp);	将文件位置指针置于文件开头	无
scanf	int scanf(char * format, args, …);	从标准输入设备按 format 指定的格式把输入数据存入 args 等所指的内存中	已输入的数据个数,若出错,则返回 0

4. 动态分配函数和随机函数

调用动态分配函数和随机函数时,在源文件中必须包含头文件 stdlib.h。

函数名	函数原型说明	功能	返回值
calloc	void * calloc(unsigned n, unsigned size);	分配 n 个数据项的内存空间,每个数据项的大小为 size 个字节	分配内存单元的起始地址;若不成功,则返回 0
free	void free(void * p);	释放 p 所指的内存区	无
malloc	void * malloc(unsigned size);	分配 size 个字节的存储空间	分配内存空间的地址;若不成功,则返回 0
realloc	void * realloc(void * p, unsigned size);	把 p 所指内存区的大小改为 size 个字节	新分配内存空间的地址;若不成功,则返回 0
rand	int rand(void);	产生 0~32767 的随机整数	返回一个随机整数
exit	void exit(0);	文件打开失败,返回运行环境	无

附录5 习题参考答案及案例代码

第1章

1. C语言基本概念填空

(1) C语言、C++、Java

(2) 主函数

(3) 主函数

(4) .c

(5) .obj

(6) .exe

(7) 输出

(8) 顺序结构、选择结构、循环结构

第2章

1. 用C语言表达式描述以下数学计算式

(1) a*a+b*b+2*a*b

(2) x=v*t+1/2.0*a*t*t

(3) (4*a*c-b*b)/(4*a)

2. 写出下列表达式的值,已知 a=3,b=4,c=5

(1) 7

(2) 1

(3) 12

(4) 8

(5) -12

(6) 2

(7) 5

(8) 12

(9) -94

(10) 1.25

3. 阅读下列程序,写出程序运行结果

(1) c1=2,c3=24

(2) 15,14

(3) 35

(4) y=6.500000

(5) a=3,b=3,c=5

第3章

1. 阅读下列程序，写出程序的运行结果

（1）a=444,b=88,c=3

（2）b=14,d=0.93

（3）3

（4）32

2. 补充下列程序

（1）n/60、n%60、%d:%d

（2）%lf%lf%lf、2*(a*b+a*c+b*c)、s,v

（3）&a,&b,&c、t2=b、b=t1

第4章

1. 用C语言描述下列命题

（1）a>b&&a>c

（2）a>=100&&a<=200

（3）s1%2==0 或！s1%2

（4）ch=='\0'或 ch==0

2. 阅读下列程序，写出程序的运行结果

（1）16

（2）1

（3）#&

3. 补充下列程序

（1）%lf%lf%lf、a+b>c&&a+c>b&&b+c>a、a*a+b*b==c*c‖a*a+c*c==b*b‖b*b+c*c==a*a

（2）c>='0'&&c<='9'、c>='a'&&c<='z'‖c>='A'&&c<='Z'、else

（3）case 'Y':case 'y':、case 'N':case 'n':、default：

第5章

1. 阅读下列程序，写出程序的运行结果

（1）54321

（2）*7

（3）4,24

（4）m=6

2. 补充下列程序

（1）i<=n、min=number、min>number

（2）>1e-6、exp+t、t=1/n

（3）a<=35、b<=35、a+b==35&&a*2+b*4==94

（4）n!=i、i、break

163

第6章

1. 阅读下列程序，写出程序运行结果

（1） 1,2,1,4

（2） 8

（3） 8

（4） 10

（5） 21

2. 补充下列程序

（1） double、x*x−5*x+4、sin(x)

（2） cal(a,b,c,d,op);、char、op

（3） !='@'、count++、return

（4） 3.0 或（double)3、>、(t+1) 或 (2*i+1)

第7章

1. 阅读下列程序，写出程序运行结果

（1） ABCD,4

（2） 1

（3） Ne1Nc2N

（4） 34

（5） 6,4

2. 补充下列程序

（1） j<9−i、a[j]>a[j+1]、printf("%d\n",a[i])

（2） &a[i]、min=j、arrout(a,N)

（3） i++、a[i]%2==0、a[i]

（4） loc=3、a[i]=a[i+1]、a[i]

（5） 0、++k、a[i][j]

第8章

1. 阅读下列程序，写出程序的运行结果

（1） 6

（2） 1

（3） 7,27

2. 补充下列程序

（1） area(r)(PI*r*r)

（2） <stdlib.h>、<string.h>

第9章

1. 阅读下列程序,写出程序的运行结果

(1) 2,4,6,8,

(2) abc123

(3) 3

(4) 5,3

(5) b,B,A,b

2. 补充下列程序

(1) p = a、i、* p

(2) c、n、* (a + i)

(3) gets(a)、* q ! = '\0'、q − −

(4) str[i] ! = '\0'或 str[i]、32、i + +

请扫码获取教材配套案例代码。

参考文献

[1] 谭浩强. C 程序设计[M]. 4 版. 北京:清华大学出版社,2015.

[2] 孙霄霄,等. C 语言程序设计与应用开发[M]. 3 版. 北京:清华大学出版社,2018.

[3] 教育部考试中心. 全国计算机等级考试二级教程:2018 年版. C 语言程序设计[M]. 北京:高等教育出版社,2017.

[4] 顾春华. 程序设计方法与技术:C 语言[M]. 北京:高等教育出版社,2017.

[5] 蔺德军,张云红. C 语言程序设计[M]. 北京:电子工业出版社,2015.

[6] 高克宁,等. 程序设计基础(C 语言)实验指导与测试[M]. 3 版. 北京:清华大学出版社,2018.

[7] 郑晓健,李向阳,杨承志. C 语言程序设计(基于 CDIO 思想)(第 2 版)问题求解与学习指导[M]. 北京:清华大学出版社,2018.

[8] 贺细平. C 程序设计——基于应用导向与任务驱动的学习方法[M]. 北京:电子工业出版社,2018.

[9] 夏海英,梁艳,宋树祥. C 程序实践与提高[M]. 西安:西安电子科技大学出版社,2017.

[10] 闫利平,等. C 语言基础教程[M]. 北京:电子工业出版社,2000.

[11] 彭文艺. 案例式 C 语言上机指导与习题解答[M]. 成都:电子科技大学出版社,2015.

[12] [美]普拉塔(Prata,S.). C Primer Plus [M]. 5 版. 云巅工作室,译. 北京:人民邮电出版社,2005.